探索性评估论证方法

胡剑文 著

国防工业出版社

·北京·

内容简介

本书首先介绍了探索性评估论证方法的一些基本理念、相关概念和问题框架；然后探讨了探索性目标分析、探索性方案评估、探索性方案分析和探索性方案优化等模型与算法；最后介绍了探索性评估论证方法手段在若干典型评估论证案例中的应用。

本书可以作为运筹学，管理科学与工程等相关专业的研究生教材，也可以作为从事系统分析与论证研究人员的参考书。

图书在版编目（CIP）数据

探索性评估论证方法/胡剑文著. —北京：国防工业出版社，2020.10
ISBN 978-7-118-12181-0

Ⅰ. ①探…　Ⅱ. ①胡…　Ⅲ. ①评估－论证－方法研究　Ⅳ. ①
C931.2

中国版本图书馆 CIP 数据核字（2020）第 183576 号

※

国防工业出版社出版发行

（北京市海淀区紫竹院南路 23 号　邮政编码 100048）
天津嘉恒印务有限公司印刷
新华书店经售

*

开本 710×1000　1/16　印张 9¾　字数 173 千字
2020 年 10 月第 1 版第 1 次印刷　印数 1—2000 册　定价 89.00 元

（本书如有印装错误，我社负责调换）

国防书店：（010）88540777　　　书店传真：（010）88540776
发行业务：（010）88540717　　　发行传真：（010）88540762

前　言

　　方案的评估论证，又称为决策分析，简单说即如何计算方案的属性、准则及相应价值，并从方案集中找到符合目标需求的解决方案。可以说，这是一个无处不在的问题，大到关系到国家命运的战略抉择，小到个人的日常琐事都离不开有效的评估论证。对重大问题进行科学的评估论证将会带来巨大的社会与经济效益，不正确的评估论证则会招致重大损失与灾难。由于实际问题的高度复杂性，实现科学的评估论证绝非易事，现实当中各种重大决策失误，层出不穷。毋庸置疑，实现科学的评估论证依托于论证人员相应领域的知识水平。例如，对某项武器装备的评估论证，相关决策者必须精通该装备的基本原理、测试数据、使用要求等。然而还应注意，仅凭领域知识尚不能有效完成评估论证，还需要有一套科学的方法手段与模式机制来实现有效的评估论证。

　　评估论证方法（决策分析方法）的研究一直是管理科学领域的热点研究领域，相关学者在该领域做了大量的研究工作，提出了众多的评估论证方法与工具。这些方法与工具从更宏观层面上区分，可以分为规范性范式与描述性范式两类。

　　规范性范式（normative）又称为硬方法论，其强调评估论证方法建立在严密的公理与逻辑体系之上，通常把实际评估论证问题转换成严格的数学或计算机模型问题，其对应的数学问题通常可以得出绝对的、数学意义上的正确解与优化解。然而，问题关键是这种转换是否有效？把实际评估论证问题转化成数学模型问题求解，必须符合以下 3 个条件：一是所对应的数学模型工具理论体系必须是自恰的，这一点似乎肯定能满足，但实际上有些理论方法不一定完全自恰，典型的就是模糊数学不符合自反性，层次分析法保证不了保序性等。很显然，"存在即合理"，现实世界不是矛盾的，不自恰的模型工具肯定不是很好的解决问题手段。二是数学模型工具体系能很好地模拟现实世界，数学体系的演算结果应与现实结果保持一致，对现实有很好的参考指导作用，这也是模型工具的本质特点。三是数学模型工具能与现实问题对接。这一点，其实是最难做到的。例如，对许多实际评估论证问题，难以获取实际数据的分布，造成了数学模型的演算无的放矢。如果不能与实际问题对接上，再好的数学模型工具都无法解决现实问题，只是解决了相应的数学问题而已。规范性范式的研究人员更关注理论方法拓展，如果现实问题制约了这种拓展，那么就做一些简化假设，例如，假设某个量严格服从某类分布、假设某些量的关系符合某种解析形式等。由于实际问题的复杂性，以及上述 3 条必要条件的制约，把评估论证问题彻底转换成数学问题求解还是有较大的难度，规范范式的方法解决实际问题遇到了不少困难，这样就产生了描述性（descriptive）范式方法论，又称为软方法，如切克兰德软运筹、头脑风暴、DELPHI 方法等。描述性范式，顾名思义就是采用弱结构化的描述性方式表达问题，强调决策者演绎分析来解决实际问题，更强调以决策者为中心，研究的重点在于整个评估论证的科学流程、组织形式、理念模式，注重方法的易用性、指导性以及结果的实效性，追求可行解，满意解而不是绝对的最优解。描述性范式方法的艺术性强，适用性广，但可操作性较弱，评估论证结果的精确度较差，应用效果也往往更加取决于评估论证人员的知识水平与个人能力。

犹如统计分析领域有规范性范式、描述性范式及探索性范式一样，评估论证领域也应当有自身的探索性（exploratory）范式方法论，这种方法论介于硬方法与软方法之间，可称为柔方法。探索性范式的问题框架具有规范性，把问题构建在结构化的探索空间之内，但解决问题的形式手段、流程具有高度的灵活性，由决策者深度交互参与评估论证。其既不拘泥于特定方法工具，又不无序与任意，有一套规范的框架结构，有着更加丰富灵活的辅助工具体系。另外，探索性范式还应充分考虑多种类型的不确定性，大胆近似而又不是削足适履、随意简化扭曲实际问题；求解的应是稳健满意解决方案，而不刻意追求绝对最优方案。基于探索性范式的评估论证方法手段具有规范性范式与描述性范式的优点，适用问题广且处理问题深。探索性范式方法也是钱学森人机综合，从定性到定量综合集成方法论的一种实现模式。

本书从问题框架，逻辑过程，探索手段 3 个维度，探讨探索式评估论证方法一种实现方式。其中问题框架包括了目标声明、目标准则、方案属性、方案结构 4 个层次，以及这 4 层之间的关系模型。问题框架是对实际复杂问题的一种结构化建模，建立问题框架是探索性评估论证方法的第一步。逻辑过程是指实现探索性评估论证的几个主要步骤，包括目标需求分析、方案评估、方案分析、方案优化与优选等逻辑过程，这几个过程反复迭代，以实现评估论证的最终目标。探索手段是探索性评估论证的支撑，从宏观层面讲包括分解、实验、交互、迭代等。这几类模式中又包含了解析计算、实物测量、仿真推演、多专家估计等具体手段。在实际问题中，这几种模式与手段也是综合灵活运用的。本书基于上述三维理论框架结构，详细展开了相关具体的概念、模型、算法与应用的研究。

本书提出的评估论证方法：一是强调目标分析。方案优选的关键前提是正确的评估，正确的评估关键前提是清晰的目标分析，本书通过结构化与量化的目标集实现多目标综合权衡，以实现有效的评估论证，因此评估论证的结果与目标需求的一致性强。二是强调不确定性。实际复杂评估论证问题充满了不确定性，包括目标的不确定性、方案的不确定性，以及目标与方案之间关系的不确定性。如果没有这种不确定性，评估论证问题就非常简单了。实际问题充满了不确定性，本书的理论方法综合运用多种手段，尽可能减少或控制不确定性，提高评估论证的有效性。三是充分考虑人及群体智慧的重要意义，引入信度分布理论并提出了基于信度的综合集成模型来对多专家群体主观判断建模，强调人机、人人的综合集成以解决相应的复杂问题。

本书试图在评估论证的探索性范式领域进行一定的摸索，然而由于该领域问题的高度复杂性，以及作者基础知识、学术视野、实践经验与研究能力所限，在撰写本书过程中，总有力不从心的感觉。把先进的理念落实到具体有效的方法手段上还是困难重重，很多科学问题还远没有很好地解决，甚至还有不少错误，离构建一套既有先进性又有实用性的探索性评估论证方法体系还有很长的路要走，或许本书最大的意义在于抛砖引玉。在此敬请各位读者，不吝赐教，多多批评指正。作者的联系方式为 hjwc3i@126.com。

作者

2019.10

目 录

第1章 探索性评估论证方法概述

评估论证又称决策分析（Decision Analysis），其本质即如何计算方案的相关属性、准则及价值，并从方案集（空间）中找到符合或接近目标需求的解决方案，强调基于目标的方案选择。评估论证包括了对目标的分析，方案的评估，分析与优化选择等过程。本书探讨的评估论证是决策领域较为正式的一类决策模式，通常是针对重大问题，并有充分的评估论证时间与资源，能构建一套完备框架结构（如目标、指标、方案及其影响关系等）。因此，是一种具有良好结构化的决策问题，是趋向于理性决策的一类，其有别于一些基于直觉得出满意方案的自然决策问题。另外，对于一些决策框架都未确定，需要创造性地构建决策目标、方案空间等框架要素的创造性决策问题也不属于本书研究对象[①]。

1.1 探索性评估论证基本理念

评估论证分析领域相关方法包括了规范式下的硬方法与描述性范式下的软方法两种类型。硬方法通常把实际评估论证问题转换成相应的数学模型问题加以解决，是形式严密、流程规范、操作性强、结果明确的一类评估论证方法（大多数多目标，多准则与多属性评估论证方法都属于硬方法）。硬方法特点鲜明，但这些方法通常会假设很多先决条件，使得严密的"硬"数学方法具有适用性。例如，效用的公理规范、决策要素的解析关系的假设、数据分布形式的假定等。另外，硬方法应用的一个难点就是方法与现实问题的对接，把现实复杂且不确定的信息转换成数学模型方法能处理的结构化数据，也是一个有挑战性的问题。如果满足以上这些条件，运用硬方法将会得出绝对正确与最优化的问题解，然而实际问题却很难完全符合这些假设条件。

软方法是一种思想指性强，形式灵活，更适合解决复杂问题的一类方法，如典型的头脑风暴、DELPHI 方法、WSR 方法（事理、人理、物理）、CHEKLAND

[①] 在实际评估论证问题中，方案描述可以分成 3 类：第一类是有限可数，如直接从有限个方案 A、B、C 中选择，第二类是选择方案无限但可以构建方案的维度，例如，方案是对 X、Y、Z 三个项目的投资额的确定，显然有无穷个组合，但这是三维数据的无穷种组合，可以构建有维度的方案空间。第三类问题是，方案不确定，需要创造性的构建，而不只是在方案空间中组合。本书主要研究范围是前两类。

的软运筹等。这些方法形式较为自由，指导性强，采用弱结构化的描述性方式表达问题，强调决策者演绎分析来解决实际问题，更强调以决策者为中心，研究的重点在于整个评估论证的科学流程、组织形式、理念模式，注重方法的易用性、指导性以及结果的实效性，追求可行解、满意解而不是绝对的最优解。该类方法的艺术性强，适用性广，但可操作性较弱，评估论证结果的精确度较差，应用效果也往往更加取决于评估论证人员的知识水平与个人能力。

探索性评估论证方法属于探索性范式，其强调处理复杂问题的不确定性、方法手段应用的灵活性与综合性，以及评估论证的辅助性。探索性评估论证方法是一种柔性，有韧劲的方法。该方法介于软方法与硬方法之间，适用性广，但是不像软方法那样太过艺术性，难以把控。也无需要硬方法那样需要满足太多一些与实际不一致的假设条件。形象的说硬方法如"铁"，软方法如"水"，则探索性方法如"橡皮"。

探索性评估论证方法的特点分述如下：

1. 探索性评估论证的理念源于实际复杂评估论证问题的不确定性

爱因斯坦说过："数学命题只要和现实有关，它们就是不确定的；只要它们是确定的，那么就和现实无关。"实际复杂论证问题充满了不确定性，绝对确定性问题只是存在于抽象逻辑世界。复杂评估论证领域具有 3 类不确定性：第一类是目标需求的不确定性。尽管我们可以用文字表述目标需求，如"选拔德才兼备的员工""夺取制空权""建设世界一流大学"等，但这仍然是不确定的，因为按照这个目标需求无法去直接衡量方案，无法直接得到符合需求或接近需求的方案。目标需求的不确定性很难用一系列精确的理论方法来消除，探索性的手段是一种可行的问题解决手段。第二类不确定性是方案本身的不确定性。尽管备选方案在手头上，然而仍然难以精确了解方案的本质属性。例如，要论证某型战斗机的方案，精确确定各种方案的重要属性（如各种方案的关键性能，以及在实战中的表现等）是非常困难的。这是方案本身的不确定性。同样需要采用灵活的探索性手段来减少与驾驭这类不确定性。第三类的不确性就是方案与目标之间关系的不确定性。方案能达到目标吗？如果达不到，方案与目标有多大的差距？这类不确定性是普遍存在的，因此也需要用探索性的手段建立目标与方案之间的联系，以实现有效的评估论证。

2. 探索性评估论证更注重方法手段的运用灵活性

在实际复杂评估论证问题中，运用单一的手段总是难以有效地解决问题，这是因为单一的手段总是有自己的适用范围，而实际复杂问题往往具有高度的多样性。实际复杂评估论证问题，也很难建立一个精确的理论模型刻画目标需求与方案的关系，实现精确论证，只能采取灵活多样的探索性手段去近似处理。针对复杂决策问题中大量的不确定性，要运用分解、交互、实验、转换、迭代等探索性手段来逐步进行评估论证。探索性手段也是一种灵活的集成手段，什么阶段用什么工具手段都是灵活的，没有一个机械的流程模式来确定。这也好比一个士兵身上有各种武器，什么时候用什么武器，应当因情而宜，灵活处置。

3. 探索性评估论证更加注重决策的辅助性

实际问题的高度不确定性，在一种近似的框架范围内得出的结论，只是具有辅助参考性。这是因为，在复杂的实际问题当中，无法精确地确定评估论证中的相关要素，无法精确地确定要素之间的关系，得出的评估论证结论，只是在一定代表性假设条件下的结果，所以不能贸然直接给决策者最终的结论，而是应用一种探索性的思路去辅助决策，深入揭示问题本质规律与各种可能的结果来辅助决策，是一种授人以"渔"而不是授人以"鱼"的辅助决策模式。

4. 探索性评估论证在结构化探索空间中实现

探索性评估论证需要结构化的探索空间，而不是盲目探索求解。探索性评估论证首先就要构建探索空间，如建立目标准则空间、方案属性空间、指标空间、方案空间等。以这些结构化的空间为依托，运用综合探索性的手段，实现评估论证。

5. 探索性评估论证方法是运用综合集成手段，从定性到定量实现评估论证的一种模式

探索性评估论证方法也是钱学森教授从定性到定量、综合集成手段解决实际复杂问题思想的一种实现方式。首先运用分解转换等手段，把问题框架化、结构化；然后综合集成人机、人人（结构化的群体智慧）求解方式以及多类别的问题求解工具（如解析、实验、主观判断、基于数据），逐步细化与量化决策框架，从定性向定量近似，不断减小问题的不确定性，直到找到符合目标需求或者接近目标需求的满意解。另外，面对复杂评估论证问题，评估论证人员也应当有大胆的估算与近似的精神，发挥群体智慧，灵活运用多种手段，面向最终效果，而不是拘泥于刻板的形式与过程。

1.2　相关概念探讨

1. 多目标、多准则、多属性、多指标决策

实际复杂决策问题显著特点就是多元性，其中多目标表示对决策方案有多种类别的需求。例如，对于战斗机的方案论证问题，多目标体现在战斗机完成的任务需求具有多种类型，对于战斗机的评估与优选要面向多类任务的综合，这些任务可能包括空空与空地作战等。目标的描述通常为定性的、概括性的，以目标声明的形式表示。准则是对目标的具体化，目标的描述具有概括性，这样无法直接进行对照分析，难以有效直接检验，因此目标需要具体转化成一系列可测的准则。准则要求是可测的或者是可以测的，而且各准则的取值空间应是有序类的，即可以排序对比。很显然，对于实际问题，准则也往往是多元化的，一个目标对应有多个准则。例如，战斗机的某一个任务目标是有效夺取某地的制空权，很难直接测量判定是否夺取制空权这一目标，实际当中是用具体的一些准则来度量，如对敌某型机的毁伤率、对地面某型目标的毁伤程度等来刻画。属性是指对决策方案特征的一种标度，也就是刻画具体方案的特征维度，所考虑的属性是与决策目标准则紧密相关的。对于上述战斗机方案评估论证问题，各方案列出的属性即为战斗机关键作战能力属性，这些属性决定了决策方案可完成相应目标的程度。对于有些实际评估论证问题，准则与属性可以合二为一。例如，人员评估时，德、能、勤、绩、体等 5 个要素，从人员工作任务目标需求的角度来说，这几项可以称为准则，而对具体的"评估论证方案"——对个人来说，这 5 个要素又是各个人的基本属性。因此，准则与属性在这一问题中是同构的，只不过描述角度不一样。对于同构的准则与属性，通常用一个综合的词来表示——指标。多指标决策既有多准则又有多属性决策的涵义①。

2. 效用（也称为功用②）与效能

效用是指决策的一种偏好量，是一个主观量，目前无法直接测量③，往往通过决策者的交互式比较判断来近似获取，是一种偏好的量化。效用的值是抽象的，通常运用效用函数的方法来描述效用值。例如，在主观决策中选择一套住房，住房的大小、楼层、朝向、价格等指标通过效用函数合成一个总的效用值，表示购房者对相关房屋的满意程度，即效用值，属于主观决策。效用函数是一种求解效用的近似手段。从理论上讲，人的主观感觉目前是很难用一个函数可以完全表达的，也难以用一个精确的连续量来表示人的偏好程度。效用函数的确定也反映了决策者决策艺术性，其主观性强，但有时却难以回避。确定效用函数有很多种方式，一般都要先通过对方案或指标的主观对比评判，然后归纳综合出一套效用函数。因此，效用函数的有效性很大程度是基于决策者的主观判断。

效能是指决策方案符合任务目标需求的一个满足程度，一种可能性或概率

---

① 本书对于一些通用于准则与属性的概念表达，通常用指标一词来表示，因此本书中的指标既可表述成准则，也可表述成属性。例如，指标空间既可以是准则空间，也可以是属性空间。
② 张五常教授在专著《经济解释》中认为 utility 的概念主观性强，译作"效用"不合适，译为"功用"更贴切些，本书非常赞同这种说法。但因为表述的习惯与一致性，本书仍然称作"效用"。
③ 人的主观感受程度也是有物质基础的，感观效用强度可能与人脑某种分泌物量或者人脑电结构强度所对应，因此本质上主观效用也是有客观基础的，效用完全可以对应一种客观量值。但目前尚无法完测出这种量值。随着神经经济学的发展，以后或许能直接测出主观效用值。

性，通常情况下是可测量的，或者是理论上能够测量的。效能的计算按定义直接求解，对照决策方案的实际表现与任务目标，来计算满足程度。例如，某种武器的效能，就是其在完成相应的任务目标时，完成任务的可能性或概率值，这个值就是效能值。

效能是客观的，理论上是可以验证的，而效用是主观的，难以直接验证分析。不过，有些复杂系统的评估论证实际问题，很多情况下往往用效用代替效能。这是由于难以确定具体任务目标需求，以及难以评估论证方案的实际表现，结果都化成了用效用函数求解的方式来解算效能。例如，作战飞机效能评估当中，常常用一些关于属性指标的效用函数值（线性综合、指数综合等）代替效能评估。但在实际当中，很多效用函数很难符合实际，无法刻画真正的效能，是一种简化的处理方式。这类效用值并不反映任务目标的实现情况（效能），只能做一些简单的比较排序，尽管很多情形下，这种选择排序还是失真的。

3. Utopian 最理想解、Pareto 最优解、满意解、改进解

在评估论证分析当中，可选择决策方案可以分成：最理想解、满意解与改进解。Utopian（乌托邦）最理想解是指评估论证的方案在各个目标准则达到最优的水平。显然，这是最理想的情形，但绝大部分实际评估论证问题由于目标准则具有冲突，因此不可能找到最理想解。例如，某个系统方案性能最好，而费用又最少，很少会遇到这情形。一般情况下，都是费用与性能的权衡选择。国外学者也形象地称最理想解为 Utopian 解。Pareto 最优解是指不存在另一个解的每一项准则指标都比此解要优。因为绝大多数情况下，Utopian 解是得不到的，Pareto 最优解又有很多，甚至无数个，也面临权衡选择，因此只能去寻找相应的满意解。满意解是一种达到目标需求，而各项准则取值虽不一定都是最优，但在相应的需求区间之内。例如，某一个系统，其性能达到了基本需求，费用也在可接受的范围之内，那么这就是一个满意解，是可以接受的一个解决方案。改进解是指比目前的方案在评价准则上有所改进，如性能有提高或者费用有减少，改进解不一定是最优的或是满意的。另外，如果各个指标准则都有所改进则称为 Pareto 改进解，否则称为非 Pareto 改进解。

4. 确定目标，确定方案，方案评估、分析与优化

确定目标，确定方案，方案评估、分析与优化（优选）[①]是评估论证的主要过程，其环环相扣，不断迭代，共同完成评估论证过程。评估论证最终的目标是选择满意方案，而起点是确定目标需求。然后，在此基础上，对照目标需求进行方案评估，评估也即是确定评估论证方案是否达到目标需求以及符合目标需求的

[①] 优选通常指具有固定的选择方案，在有限个确定的方案中寻找满意方案。优化是指事先未确定具体方案，只是确定了方案空间，通过优化方法在方案空间中寻找满意方案。

程度①。在评估的基础上，还需要进行一定的分析，例如：方案达到目标需求的稳健性或者未达到目标需求的差距度；要素的不确定性及其带来的可能风险；要素间的影响关系分析如敏感性、关联性等。分析的作用是在评估的基础上，对问题进行深入探究，为后续方案的优选优化提供支撑。

5. 主观与客观，定性与定量

主观分析判断是指基于人脑的对外感知与测量，客观是基于外部世界事物相参照的感知与测量。主观判断处理方式是直接从人脑中得出信息，而客观方式则是指运用外部参照工具来获取信息。很显然，主观的判断方式具有不稳定性，精确性差，容易造成失真。然而，实际问题的复杂性，使得很多问题只能通过主观的方式来确定。例如，我们无法去用客观测量的手段去测一个抽象事物，如道德水准、相貌颜值等。为了提高主观分析判断的可信度，往往也会引入不少客观工具，如在认知心理学领域就采用量表方法，基于此可进行对主观量的测量。基于关键线索与主观判断的透镜模型技术，也在主观分析判断领域得到很好的应用，该模型的引入比纯粹主观判断的方式效果要好得多。对于复杂评估论证问题，应尽量从主观向客观转化，这是提高评估论证质量的重要手段。

在实际评估论证中，也分为主观型与客观型。主观型决策的目标需求与价值取向由决策者本身来确定，这样评估论证的结果取决于决策者的自身目标需求与偏好。主观型决策通常运用抽象的效用函数刻画决策方案的优劣程度，其目标需求往往具有更大的不确定与动态性②。客观型决策通常具有客观的实际目标需求，不是以决策者的意志来确定的。例如，军事评估论证领域，若决策目标是要拿下一个高地，显然这是客观形势的要求，是个硬需求，不是由决策者自身的好恶来决定。客观型决策通常运用事理特征更明晰的函数③刻画方案的优劣程度。

定性描述是对事物的一个概括性的描述，是一种粗粒度的描述方式，难以参照对比，因此具有极大的不确定性。例如，说明某物体很重，这里的"重"就是主观性的定性描述，没有直接的客观参考标准。如果"张三"说甲物体重，"李四"说乙物体重，通过这两个定性描述是无法确定甲重还是乙重。就是哪怕一个人说很重，一个人说不太重，也无法确定哪个更重。很显然，基于定性描述的分析评估方式，是一种粗粒度的处理方式。例如，我们说一个部队士气高昂、装备

---

① 评估是指确定评估方案价值，通常用符合哪一个有序的参考等级量来表示。因此，评估本质上是个有序分类问题。如果评估的目标是为了直接的方案选择，则问题可以简化为二分类的评估问题，即达目标需求为一类，未达到目标需求为一类。

② 人们在实际决策论证中，如果很难找到理想的方案，往往会降低要求。反过来，如果很容易找到理想方案，又会提高需求。

③ 如可测的各种价值，目标满足的概率等。

精良、训练有素那么就可彻底打败敌人。显然，士气高昂、装备精良、训练有素都是定性描述。基于此确定这个部队能彻底打败敌人，就是一个定性分析评估的方式。

定量描述的最大的特点是具有客观的参照对比，无歧义。基于参照量可以确定基数或序数性的描述。如描述某物体重 10t，这是以公认的质量 1t 为参照，该物体有 10 倍这一参照量的质量。这是一种基数型的量化。序数型量化是指无法用一个统一的参考基量刻画时，而只能用一系列有序的客观参考量刻画，这些参考量是独立关系，并不能用一个参考量去表示另一个参考量。例如，对目标的毁伤程度等级、软件企业的成熟度等级等，这些等级就是序数型量化。很显然，序数型量化精度要弱于基数型量化，分辨率只等于参考量的个数。

定性描述应尽量要做到客观化与量化。主观的定性描述很难验证，有歧义。例如，在对敌火力打击毁伤程度的描述中，如果只是纯粹的主观定性描述分成重度、中度、轻度毁伤等，那么不同人的主观描述等级可能有着不同的内涵。尽管形式是序数型量度，但也不能称为定量描述，进行评估论证时应尽量避免出现这类含糊不清的情形。解决这一问题的一种手段就是：主观描述的客观化，也就是把主观描述的等级，对应到一些可以参考比较的客观事物中。例如，对不同的目标，其重度、中度、轻度毁伤应是一个可观测与界定的状态。这可以理解成一种特殊的量化。量化应当是减少不确定性的一个过程，并不拘泥于结果必须是用数字来描述。真正的定量化是减少不确定性，并不是把文字描述的硬生生地转换成数字。例如，对目标毁伤问题不能硬生生地把重度、中度、轻度等毁伤效果转换成一个毁伤指数数值（如重度是 0.8，中度是 0.5 等）。这样只是形式上的量化，不但没有减少误差，反而加大了误差，实际当中非常不可取。目前，有很多基于模糊数学的定性到定量转换的方法，只是把文字转换成了数字，没有引入新信息，并没有减少不确定性，反而增大了不确定性，这样不应称为量化。

对于复杂评估论证问题，应尽量从定性与主观向定量与客观转化，只有量化了，才能进行权衡利弊综合分析，这是提高复杂问题评估论证质量的重要手段。当然，很多实际的复杂评估论证问题，并不是那么容易客观化与量化的，减少不确定性是比较困难的，这也是对决策科学的一个挑战。

6. 不确定性描述的分类：信度型与随机型

对于复杂的综合评估论证问题，不确定性是普遍的。大部分要素的描述只能用一种不确定性的方式描述。这种不确定性描述又可以分成两大类[1]。

---

[1] 对于连问题论域都无法确定的完全不确定性（通常所说的不知道的事物）是很难直接用科学工程方法处理的，处理这类问题首先就是要确定论域边界，实现问题的结构化、框架化。

一类是信度型不确定性，即事物取值是固定的，但我们无法精确地去判定。例如，我们无法精确测量某个物体的重量，只能用一个信度分布区间来表示这个量，但实际上这个量是唯一的，也不存在频率上的变化。这种不确定性就称为信度不确定性。这类属于固定不变但不确知的不确定性。

另一类是频率性的随机型不确定性。这类不确定性，就是概率系统。其中要素取值不唯一，不同的取值具有不同的频率。这可以理解为确知但变化的不确定性，是一种可以精确测量的不确定性，如可以精确确定一枚硬币扔上无穷次是正反的概率都是 0.5。模糊、信度与概率数学模型由于模拟不同的现实世界，所以也有着不同的数学处理方式[①]。

7. 几种典型的探索性手段介绍

探索性的研究手段是一种灵活的解决问题的手段，通常包括（但不局限于）以下几类。

1）分解手段

分解手段是指把难以直接解决的问题，分解成若干个便于解决的子问题，然后通过合成手段，以达到解决总问题的目标。分解方法又称费米方法，在探索性评估论证中，运用分解方法，把不确定性大的问题，分解成不确定性相对较小的问题去解决。例如，运用费米方法的一个典型的案例是：估算芝加哥有多少个钢琴调音师。很显然，这是一个高度不确定的问题，直接估算这一量误差将会非常大。通过分解的方法，把问题分解为芝加哥人口、钢琴拥有率、调音师工作时间等变量的运算，而这些分解后的变量相对于芝加哥钢琴调音师数量这一量，估算难度要小，不确定性程度低。这是典型的分解方法的运用问题。在评估论证中，也经常运用分解手段，把定性的要素，分解成可测的定量要素；把不确定性大的要素分解成不确定性相对较小的要素等。

2）实验手段

探索与实验两词意义较相近，实验手段是探索性评估论证中的一个核心手段。在评估论证问题中，需要理解关键要素之间的关系，而对于实际复杂评估论证问题，这种关系又难以用简单的理论模型来构建。因此，经常借助于实验的方法，通过设定实验方案，展开实验，然后分析实验结果，通过实验数据分析的手段，建立起要素间的基本关系。实验手段是探索性评估论证中的一个重要手段，在实际问题中，经常通过实验方式获取目标需求及方案与目标需求的关系。

---

① 信度通常用最小、最大作为运算的算子，而概率用乘法与加法，这种乘法与加法是由于基于频率的排列组合原理确定的。

3）交互启发判断手段

这一手段是指运用一定的已有的信息，通过人机交互或人人交互的手段，不断地相互启发式引入新信息，减少不确定性，以寻求满意的问题解决方案。交互式启发手段是一类灵活的探索性评估论证手段。其中，人机交互是指不断迭代分析当中，计算机反馈过程信息给决策者，然后决策者根据这些信息，不断灵活调整求解策略（计算机无法单独完成这类调整），直至找到较佳的问题解决方案。人人交互也是一种有效的减少不确定性的方式，通过交互往往可以碰撞出新的"知识火花"，一定程度上减小复杂问题的不确性。《数据化决策》[①]第 8 章 117 页记录了一段非常精彩的人人交互探讨过程，其用以确定某软件方案对信息系统建设目标影响的量化关系。

4）迭代手段

对于复杂评估论证问题往往很难用单一方法直接找到问题解决方案，找到符合目标需求的问题解决方案往往需要反复修正迭代方可实现。其中，目标需求的表述可能在探索论证中不断明确调整，方案也会不断调整优化，目标与方案之间的关系也在决策过程中不断校准调优。总之，整个评估论证框架也往往在评估论证过程不断修正优化，这也体现了探索性评估论证是一种具有柔韧性的评估论证方法。

1.3　探索性评估论证框架

实现科学理性地评估论证的前提就是建立问题框架，即确定问题的边界范围。决策框架界定了评估论证的目标、问题的范围、问题要素间的关系等。科学决策流程与各种工具手段只能基于一个有限边界域来实施，对于无法界定框架即边界域的评估论证问题，是无法用科学手段来解决的，这是属于决策艺术的范畴。当然，复杂决策问题框架的构建，对评估论证的成败有决定性的影响作用，也对决策者的决策艺术提出了很高的要求，构建框架是决策艺术。

评估论证要从方案集中找到符合与接近目标需求的满意方案。这样，问题的关键是方案与目标需求的关系，直接精确刻画这种关系是非常困难的。为了更有效地解决问题，需要把问题进行分解，把问题分解成定性的目标声明、定量的目标准则、定量的方案属性以及定性的方案空间（集）来描述。集成探索性分析评估论证框架包括以下几项内容。

---

① 原书英文名为 *How to measure anything*，作者 D.W.哈伯德。

1. 目标声明

目标声明就是决策方案所应达到的目标，一般是定性的描述。目标声明的作用主要是先从整体与定性上确定目标，为后续的目标逐步细化设定一个初始框架。例如，对于某战机方案论证问题，首先定性概括设定该型战机遂行的使命任务与任务目标，这些目标可以包括典型想定背景下能够有效夺取制空权等。目标声明的价值在于，可以避免评估论证一开始就陷入复杂的量化分析过程，这为逐步深入量化分析奠定基础，并保证了问题的求解方向。目标声明的刻画，通常用目标完成量度来实现，可用实现目标的信度值，实现的频度值（概率值）或者实现的程度值[①]来表示，形式上都是一个在[0，1]区间的值。

2. 目标准则

由于目标声明是定性描述的，无法直接获取完成目标的可能性与概率值。这样，目标声明往往量化为具体的准则，通过量化准则界定目标声明，这些准则是可测可算的。例如，对于战机方案论证问题，目标声明定义为在某典型想定背景下能有效夺取制空权，对于这一声明可以量化一些具体的准则，如对敌方某型战机的毁伤比，突击敌方某地面目标的突击效果等。这些准则可以通过计算测量获取。目标准则也是目标声明的具体化，如何把目标声明转换成具体准则的目标集是评估论证的关键环节之一。

3. 方案属性

对于方案同样也可以量化成具体的属性。用这些具体的属性来刻画不同的方案。相应的属性对于实现目标来说应当是敏感的，对目标实现与否有着紧密关系。对于某型战机方案的属性可以理解成该战机的作战能力指标，这是各方案的固有属性。很显然，这些作战能力指标对于实现上述任务目标是非常关键的。不同的方案也主要体现在不同的方案属性取值上。确定方案集中各个方案的属性值，也是进行方案论证的关键环节之一。

方案论证问题的本质是找到符合或接近目标需求的满意方案。目标需求量化为准则空间中的一个集合，方案则量化为属性空间中的一个多元向量。

4. 方案空间（结构化的方案集）

备选方案也应遵循一定的框架结构，称为方案空间，各个方案即为方案空间的一个元素。空间是有维度的集合，所有方案都可以通过一定的维度的刻画。例如，选购某一计算机系统，每个方案可以是不同的计算机部件的组合，各个部件就是维度。例如，某方案显示器是××型号，内存是××型号，硬盘××型号

---

① 对于"压制敌方雷达网"这一目标，可用压制成功的信度值（结果是要么压制成功，要么失败，但无法确定，如只有 80%的把握，就是信度值是 0.8）；也可以用压制成功的概率表示（100 次打击，成功 80 次，这是近似概率值 0.8。）；还可以用程度表示（压制成功了 80%的雷达，这是程度值 0.8）。

等，显示器、内存、硬盘等是方案空间维度。决策方案的多维刻画有利于方案的评估、分析与优化。在实际问题当中，尽可能把方案分解为多维结构，这样有利于评估论证。当然，很多决策方案是难以分解成多维的组合结构，这样可以假设方案空间只有一维。

对于评估论证问题，首先就是要把问题分解成上述框架结构，即分成目标声明、目标准则、方案属性、方案空间等 4 层要素。通过引入目标准则与方案属性等多维量化空间，建立方案与目标之间的关系，从而达到评估论证的目标。对于一些实际问题，可以在上述 4 类空间中进行筛选合并，例如，可以把目标准则与方案属性合二为一，可以在同一个量化空间中描述目标准则与方案属性，也就是我们所说的指标空间。指标的描述既有目标准则又有方案属性涵义，只是切入角度不同。另外，有些问题也可以直接用方案属性直接刻画方案空间的维度，也就是不同的方案按不同的属性值来确定。例如，可以用内存、硬盘不同的容量值刻画不同的方案。

评估论证的关键是建立论证问题中目标与方案之间的量化关系，如图 1.1 所示。假设目标声明到目标准则的关系可以用映射 f_1 描述，那么目标准则到目标声明的关系就是 f_1^{-1}；目标准则到方案属性的关系是映射 f_2，那么方案属性到目标准则的关系就是 f_2^{-1}；方案属性到方案结构的关系是映射 f_3，那么方案结构到方案属性的关系就是 f_3^{-1}。f_1、f_2、f_3 值域和定义域都是集合，它们都是集值映射。如果能很好地构建以上几种映射关系，则方案与目标能够很好地对应，可以找到满意的决策方案。然而，实际问题的复杂性使得有效构建以上几类关系是非常困难的，困难的根源就是不确定性，输入不确定性、输入到输出的映射机制不确定性都导致输出的不确定性。

f_1、f_2、f_3 可以通过以下 4 种方式获取。

（1）理论解析计算法。根据已有的数学模型推算出 f_1、f_2、f_3 之间的关系，用解析函数关系式表示。当然，对于复杂评估论证问题，要在关键要素之间建立清晰的理论模型还是非常困难的。解析法通常用于某些局部要素间的定量关系描述。

（2）仿真实验法。在实验室中，建立仿真模型，有目的的控制一定条件和通过改变变量研究各个变量之间的因果关系，并进行数据分析，从而得出变量之间的影响关系，近似得出 f_1、f_2、f_3 形式。

（3）实物数据测试法。当实际复杂到无法刻画其内部机理，即无法建立解析与仿真模型时，只能通过实物数据测试的方法，得出各个变量之间的潜在关系，近似得出 f_1、f_2、f_3 形式。

（4）主观判断估计法。当问题复杂到既无能力建立相应的机理模型，又无法展开相应的实测时，就只能请对相关问题有所了解的专家来做判断。当然，专家主观判断也不只是简单让专家直接做一个估计，而是采取一系列交互引导等手段，启发式综合多专家的判断，以近似获取变量之间的量化关系。

总之，上述几类方法可以概括为算、仿、测、估 4 种手段。显然，在实际应用中，理论计算方式是成本最低、准确性最高的，然而适用面较窄，实际复杂问题很难构建精确的理论模型。多专家直接估算方法是最终的手段，通常在其他手段无法适用时才采用，其精度较低，但适用面最广。对于复杂评估论证问题，单一手段是很难有效解决实际问题的，实际应用当中通常根据问题的特点采用集成的求解手段。在实际问题中，应不拘形式，综合运用以上各种方法用以建立各决策要素之间的量化关系，不追求绝对精确，只要对实际评估论证问题能较好地解决即可。

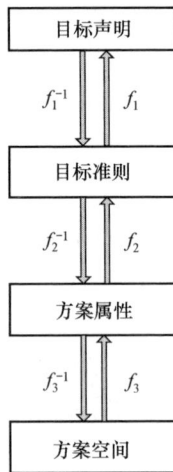

图 1.1　各层结构与映射关系

探索性评估论证方法是通过对方案的评估、分析和优化来实现对方案的论证。评估是解算方案与目标需求之间符合程度；分析方案属性与目标准则的敏感性、关联性、协调性；方案与目标差距分析；分析方案空间中要素对目标实现的贡献率、相关性等；分析方案未达到需求的主要原因与改进策略等。优化就是在评估的分析基础上，优选已有的方案，或者优化构建新方案，从而实现论证目标，获取符合或接近目标需求的满意方案。

本节探讨了探索性评估论证的框架结构。当然，框架也是一种参考模型，在实际评估论证中，也可以根据实际的问题特点，灵活的构建框架，对框架中的要素灵活取舍。对于探索性评估论证的理论体系结构可以用如下三维框架表示，如图 1.2 所示。

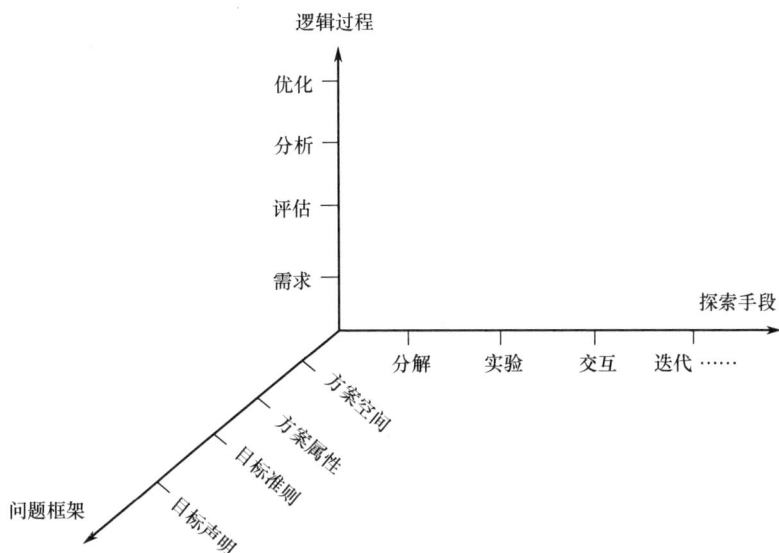

图 1.2　探索性评估论证理论框架

1.4　示例　探索性评估论证问题的框架结构

图 1.3 所示为一个分布式信息处理系统骨干结构，主要由三部分组成：主机，一般为大中型计算机；网络通信系统，主要是高性能的局域网络；分布处理机：一般为高性能微型计算机。

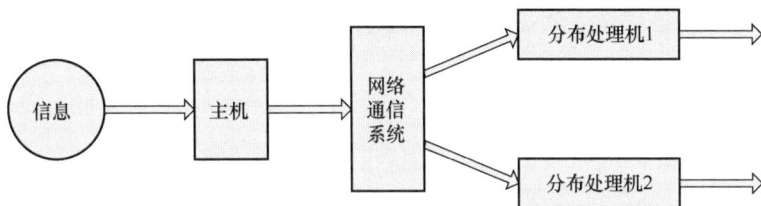

图 1.3　分布式信息处理系统骨干结构

主要信息处理流程：外界情报信息进入指挥所后，被送入主机，由主机进行情报的预处理，然后经过网络通信系统分发到各自的分布处理终端，再进行处理，最后上报。

分布式信息处理体系的目标声明是要构建一个高性价比的体系，这是一定性的目标描述。如前所述，目标声明要通过具体量化的目标准则来刻画，本例中目标准则为两项：一是典型测试案例的处理总延迟 T；二是体系构建的总费用 C。本例中通过 f_i 确定准则与声明的关系，其实现方式为通过专家的主观判断来生成。本例中，方案结构主机、网络系统以及分布处理机的型号构成了方案空间的 3 个维度。假设每种设备都有 3 种可选型号，这样方案空间就有 $3^3=27$ 种方案结构（例如，标号 111 的方案表示主机、网络、分布式处理机都选第一个型号），每种方案对应不同的方案属性即主机速度 V_1 与费用 C_1，网络系统速度 V_2 与费用 C_2，分布处理机速度 V_3 与费用 C_3。每种方案的属性通过测量与估算得出。评估论证框架结构如图 1.4 所示。

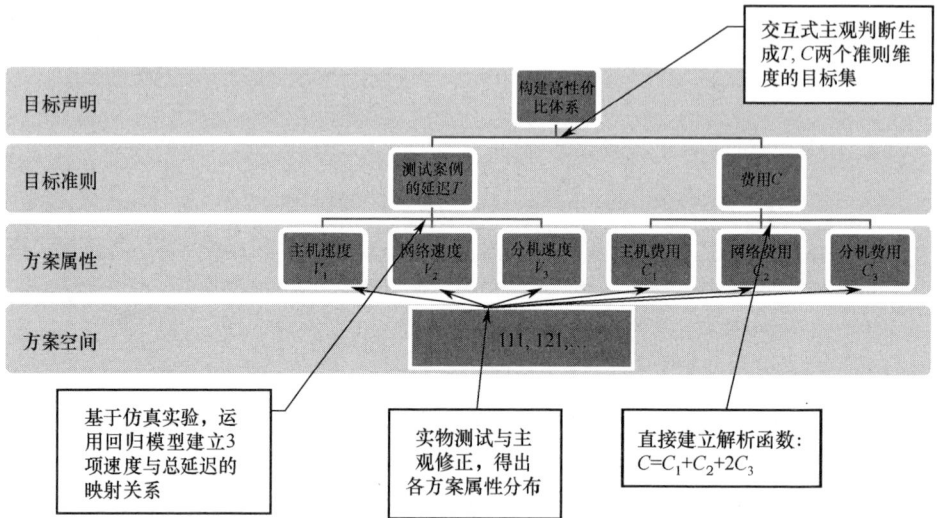

图 1.4 评估论证框架结构示意图

在此框架的基础上，可以继续深入运用探索性评估模式进行方案的评估论证，选择最符合目标需求的体系建设方案。

第2章 信度分布函数理论

探索性评估论证方法更加注重问题的不确定性。在实际复杂问题的不确定性中,一类是随机型不确定性,另一类是信度型不确定性。随机型不确定性用经典概率理论描述,本书不做详细探讨。本书引入信度分布函数模型于探索性评估论证理论体系当中,本章主要介绍信度分布函数的数学性质、应用以及生成方式[①]。

2.1 信度分布函数的引入

概率是对随机事件发生的可能性的度量。当某个不确定量是具有频率性和多种可能性时,可以用概率去评估其发生的可能性,即用概率评估未知且不确知的事件。例如,敌方同时派出 A 型或 B 型战机共 10 架次,那么我方战机遭遇 A 型战机的可能性就可以用概率来表示。在现实中,有些量不具有频率性,该量是一个固定值,因我方缺少必要的信息,使该指标无法获得,即确定却不确知的事件。例如,敌方某新战机的 RCS(雷达反射面积,单位是 m^2,刻画隐身性的一个重要度量),这个指标虽未知,但它显然是一个固定值,不具有频率性质,所以仍然用概率描述该指标的不确定性是不合理的。对非频率性未确知变量,排列组合中的乘法与加法等公理就无法运用,这样概率理论中许多相关模型算法就失去了现实基础,也造成了相关评估方法的失真。

很显然,概率分布形式以及概率运算法则是不适合用于此类变量的。那么基于隶属函数的模糊变量表达形式能否刻画?部分研究人员认为基于隶属函数的模糊变量可用于表示未确知量,而事实上对这一问题的看法,清华大学刘宝碇教授持有不同观点,在 *Uncertainty Theory* 一书中,以桥梁承重为例,详细论述了用模糊隶属度描述变量指标存在的问题。假设桥梁承重为模糊变量 ξ,则能定义如下隶属函数:

---

① 主观判断是探索性评估论证中的一项重要手段,信度分布函数是主观判断建模的核心工具。

$$\mu(x) = \begin{cases} 0 & (x \leqslant 80) \\ (x-80)/10 & (80 \leqslant x \leqslant 90) \\ 1 & (90 \leqslant x \leqslant 110) \\ (120-x)/10 & (110 \leqslant x \leqslant 120) \\ 0 & (x \geqslant 120) \end{cases} \tag{2.1}$$

这是一个阶梯型模糊变量（80，90，110，120），这一形式模糊变量的选择是随意的，对争论的焦点并无影响。根据如上从属函数 μ 和测度 P（可能性度量）的定义，有

$$\text{Pos}\{\xi \in B\} = \sup_{x \in B} \mu(x) \tag{2.2}$$

则以下推断就是显然的：

$$\text{Pos}\{\text{"桥梁承重"} = 100\} = 1 \tag{2.3}$$

$$\text{Pos}\{\text{"桥梁承重"} \neq 100\} = 1 \tag{2.4}$$

因此，可以立即推理出以下三个命题：

（1）桥梁承重"等于100t"的可能性为1；

（2）桥梁承重"不等于100t"的可能性为1；

（3）桥梁承重"等于100t"和"不等于100t"的出现可能性相等。

显然上述 3 条推论是互相矛盾的，因此隶属函数的形式表示未确知的模糊变量是无法实现逻辑自洽的，即通常所说的不具有自反性。针对这种情形，刘宝碇教授提出了信度分布函数理论来刻画未确知变量。

2.2　信度分布函数的原理[①]

信度是对人们主观判断的建模，这种主观建模也只是辅助人们解决一些主观决策判断问题，尽管主观模型无从客观的验证，但其仍然可以减少偏差，有效地辅助人们进行评估论证。

信度分布函数是清华大学刘宝碇提出的不确定理论中的一部分。其借鉴概率分布函数的形式，其函数值表示小于（或大于）某一个值的主观信度值。该理论指出，信度的对象是一个事件（一个命题）。信度所描述的是未确知的事件即该事件本身有确定的值或范围，但是现有技术或信息无法获得这个真实数据。下面主要对信度分布函数运算和期望进行介绍。

[①] LIU B，Uncertainty Theory：A Branch of Mathematics for Modeling Human Uncertainty[M]. Springer-Verlag，Berlin，2014.

2.2.1　信度分布函数及其运算

1. 未确知变量

未确知变量是一个不确定性空间上的一个可测量的函数。刘宝碇教授给出了一个正式的定义如下。

定义 2.1　一个未确知变量是一个函数 ξ 从一个不确定空间 (Γ, I, M) 到实数集，例如 $\{\xi \in B\}$，在任意 B 的 borel 集上。

2. 信度分布函数定义

信度分布函数是未确知变量不完全信息的载体，在某些情况下，信度分布函数是已知的，但未确知变量本身是未知的，因此可以通过信度分布函数估计未确知变量。

定义 2.2　关于未确知变量 ξ 的信度分布函数 Φ 定义为：对于任何实数 x 都有 $\Phi(x) = M\{\xi \leq x\}$。

例如，某型战机的迎头正面 RCS 是未确知变量，其信度分布函数 Φ 如图 2.1 所示，假设实数 $x=0.6$，则对应的 RCS $\leq 0.6\,\text{m}^2$ 的信度是 0.8。从图上能看到对于任意实数 x，都有相对应的信度。

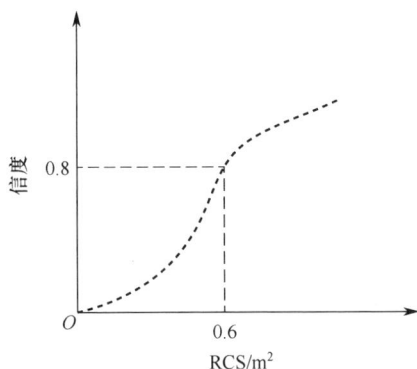

图 2.1　RCS 的信度分布函数

3. 正则的信度分布函数

定义 2.3　对于 x 在 $0 < \Phi(x) < 1$ 上，如果信度分布函数 $\Phi(x)$ 是一个连续的严格递增函数，那么 $\Phi(x)$ 就是正则的，并且 $\lim\limits_{x \to -\infty} \Phi(x) = 0$，$\lim\limits_{x \to \infty} \Phi(x) = 1$。

4. 函数信度分布的逆函数

一个正则的信度分布函数 $\Phi(x)$ 中对 x 的反函数有 $0 < \Phi(x) < 1$，而且反函数 $\Phi^{-1}(x)$ 存在于开区间（0，1）。

定义 2.4　假设 ξ 是具有信度分布函数 $\Phi(x)$ 的一个未确知量，然后反函数

$\Phi^{-1}(x)$ 称为 ξ 的信度分布的逆函数。如图 2.2 和图 2.3 所示，RCS 是具有信度分布函数 Φ(RCS) 的一个未确知量。图 2.2 所示为信度分布函数 Φ(RCS)，图 2.3 所示为 Φ(RCS) 的反函数，则 Φ^{-1}(RCS) 是 RCS 的信度分布的逆函数。

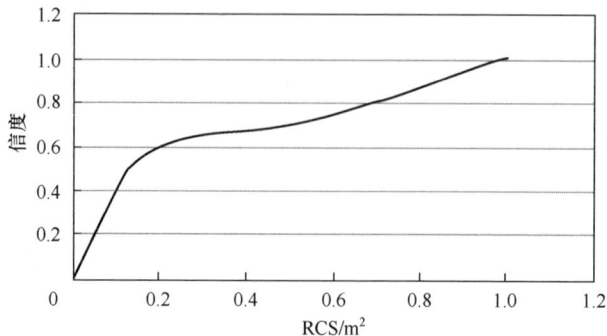

图 2.2　RCS 的信度分布函数

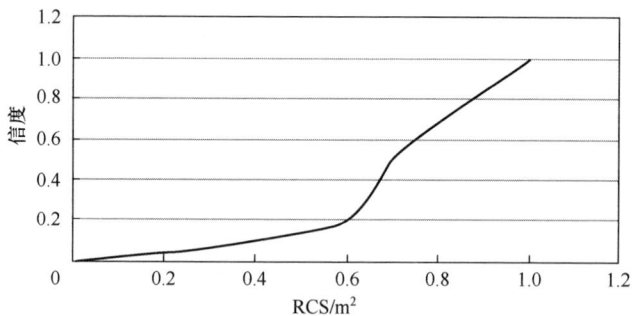

图 2.3　RCS 的信度分布的逆函数

应注意的是，逆分布 Φ^{-1}(RCS) 是定义在开区间 $(0,1)$ 上的，如果需要，可以通过 $\Phi^{-1}(0)=\lim\limits_{\alpha\to 0}\Phi^{-1}(\alpha)$，$\Phi^{-1}(1)=\lim\limits_{\alpha\to 1}\Phi^{-1}(\alpha)$，将域扩展到 $[0,1]$ 上。

5. 独立性

刘宝碇教授认为，如果未确知变量可以分别定义在不同的不确定性空间上，那么这些变量就是独立的，可以根据以下公式定义独立性。

定义 2.5[①]　如果在任意 $B_1,B_2,\cdots,B_n$ 的 Borel 集上，有

$$M\left\{\bigcap_{i=1}^{n}(\xi_i\in B_i)\right\}=\bigwedge_{i=1}^{n}M\left\{\xi_i\in B_i\right\} \tag{2.5}$$

则未确知变量 $\xi_1,\xi_2,\cdots,\xi_n$ 是独立的。

① Liu B. Some research problems in uncertain theory[J]. Journal of Uncertain System，2008，2（1）：3-16.

例如，未确知变量某型飞机迎头正面雷达反射面积 RCS 和雷达探测距离 R ，$\text{RCS} \leqslant 0.5\,\text{m}^2$ 的信度是 0.7，$R \geqslant 100\,\text{km}$ 的信度是 0.5。当同时满足 $\text{RCS} \leqslant 0.5\,\text{m}^2$ 且 $R \geqslant 100\,\text{km}$ 时，如果信度是两者之间的最小值 0.5，即

$$M(\text{RCS} \leqslant 0.5, R \geqslant 100) = M(\text{RCS} \leqslant 0.5) \wedge M(R \geqslant 100) \qquad (2.6)$$

则某型飞机迎头正面雷达反射面积 RCS 和雷达探测距离 R 这两者是独立变量。

6. 运算规则

运用刘宝碇教授提出独立未确知变量的运算规则[①]，计算了严格递增未确知变量的信度分布函数。

如果 $f(x_1, x_2, \cdots, x_n) \leqslant f(y_1, y_2, \cdots, y_n)$ ，则实数函数 $f(x_1, x_2, \cdots, x_n)$ 是严格递增的。

当 $x_i \leqslant y_i (i=1,2,\cdots,n)$ 时，且 $f(x_1, x_2, \cdots, x_n) < f(y_1, y_2, \cdots, y_n)$ ；

当 $x_i < y_i (i=1,2,\cdots,n)$ 时，以下函数是严格递增函数：

$$f(x_1, x_2, \cdots, x_n) = x_1 \vee x_2 \vee \cdots \vee x_n \qquad (2.7)$$

$$f(x_1, x_2, \cdots, x_n) = x_1 \wedge x_2 \wedge \cdots \wedge x_n \qquad (2.8)$$

$$f(x_1, x_2, \cdots, x_n) = x_1 + x_2 + \cdots + x_n \qquad (2.9)$$

$$f(x_1, x_2, \cdots, x_n) = x_1 x_2 \cdots x_n, \quad x_1, x_2, \cdots, x_n \geqslant 0 \qquad (2.10)$$

定理 2.1　$\xi_1, \xi_2, \cdots, \xi_n$ 是独立的未确知变量，$\Phi_1, \Phi_2, \cdots, \Phi_n$ 分别是其正则信度分布函数，如果 f 是一个严格递增函数，那么未确知变量 $\xi = f(\xi_1, \xi_2, \cdots, \xi_n)$ 具有信度分布的逆函数：

$$\Psi^{-1}(\alpha) = f\left(\Phi_1^{-1}(\alpha), \Phi_2^{-1}(\alpha), \cdots, \Phi_n^{-1}(\alpha)\right) \qquad (2.11)$$

同理，经过变换，如果 f 是一个严格递减的函数，则

$$\Psi^{-1}(\alpha) = f\left(\Phi_1^{-1}(1-\alpha), \Phi_2^{-1}(1-\alpha), \cdots, \Phi_n^{-1}(1-\alpha)\right) \qquad (2.12)$$

例如，RCS_1 和 RCS_2 是两个独立的未确知变量，Φ_1 ，Φ_2 分别是其正则信度分布函数，假设 $f(\text{RCS}_1, \text{RCS}_2) = \text{RCS}_1 + \text{RCS}_2$ ，显然 $f(\text{RCS}_1, \text{RCS}_2)$ 是一个严格递增函数，未确知变量 $\text{RCS} = f(\text{RCS}_1, \text{RCS}_2)$ ，则 RCS 具有信度分布的逆函数：

$$\Psi^{-1}(\alpha) = f\left(\Phi_1^{-1}(\alpha), \Phi_2^{-1}(\alpha)\right) = \Phi_1^{-1}(\alpha) + \Phi_2^{-1}(\alpha)$$

---

① Liu B. Uncertainty Theory：A Branch of Mathematics for Modeling Human Uncertainty[M]. Springer-Verlag，Berlin，2014.

2.2.2 信度分布函数的期望

信度分布函数理论中用期望值表示未确知变量的大小，是未确知测度意义上的未确知变量的平均值，因此在评估过程中期望值的获得非常关键。

定义 2.6 ξ 是一个未确知变量，假设以下两个积分中至少有一个是有限的，则 ξ 的期望被定义为

$$E[\xi] = \int_0^{+\infty} M\{\xi \geqslant x\}\mathrm{d}x - \int_{-\infty}^0 M\{\xi \leqslant x\}\mathrm{d}x \tag{2.13}$$

定理 2.2 ξ 是一个未确知变量，Φ 是其信度分布函数，则

$$E[\xi] = \int_0^{+\infty}(1-\Phi(x))\mathrm{d}x - \int_{-\infty}^0 \Phi(x)\mathrm{d}x \tag{2.14}$$

定理 2.3 ξ 是一个未确知变量，Φ 是其正则信度分布函数，则

$$E[\xi] = \int_0^1 \Phi^{-1}(\alpha)\mathrm{d}\alpha \tag{2.15}$$

式（2.15）是求解期望的简洁手段，对于实际中不是严格正则的信度分布函数，可以做一些微调，使其近似为正则的信度分布函数，仍然可以用式（2.15）求解。

例如，设某型飞机的 RCS 是未确知变量，请专家评估 RCS，数据如表 2.1 所列。

表 2.1 专家的信度评估数据

RCS/m²	0	0.05	0.1	0.2	0.5	0.8
信度	0	0.2	0.5	0.7	0.9	1

根据表 2.1 的数据绘出 RCS 的信度分布函数 $\Phi(\mathrm{RCS})$ 如图 2.4 所示。则 $\Phi(\mathrm{RCS})$ 反函数 $\Phi^{-1}(\mathrm{RCS})$ 如图 2.5 所示。

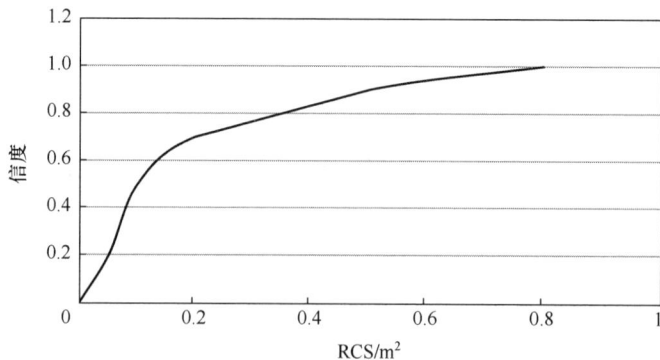

图 2.4 RCS 的信度分布函数

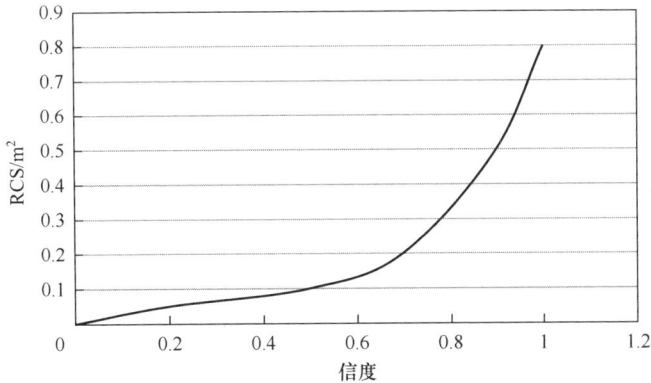

图 2.5 RCS 信度分布的反函数

根据定理 2.3 可得 RCS 的期望是：$E(x) = \int_0^1 \Phi^{-1}(x)\mathrm{d}x \approx 0.2025$

2.3 信度分布函数生成方法

2.2 节引入刘宝碇教授提出的信度分布函数理论，该理论逻辑上具有自恰性，能够有效模拟现实世界的确定但未确知变量。然而，要解决实际问题，还有第三个重要条件，即能与现实世界进行对接，也就是说对实际确定但未确知变量能生成有效的信度分布函数。尽管对实际量无法绝对精确地确定其信度分布函数，但它能够有效地辅助解决实际问题，这也即是"模型都是错的，但它们有些用"。与纯数学理论学者相比，工程领域的研究人员更关注的是否有用，因此信度分布函数的有效生成成为重点研究课题。本节提出了多专家综合集成信度分布函数生成方法。该方法在评估前对专家进行校准练习，并用多种集方式集成多个专家的信度分布函数，得出总的信度分布函数。

2.3.1 主观判断的校准方法

专家在评估时通常依据个人的知识经验给出结论，有些专家的判断可能过于自信，因此给出的结论有可能高于真实值；而有些专家属于过于保守，因此给出的判断可能会比真实值低。许多研究证实个体在做评估时，任务的难度是任务特征中非常重要的一个方面，会出现难易效应（Difficult-Easy Effect），即个体面对简单的任务会做出过于保守的判断，而面对难度大的任务会做出过于自信的判断[1]，而且这一效应在专家与非专家评估者中普遍存在。Griffin 和 Tversky

---

① 吴艳春，方平，梁宇学. 关于校准研究的现状及研究趋势[J]. 首都师范大学学报（社会科学版），2003（4）：98-102.

的研究得出，评估者的自信心会受任务难度影响，会随着任务困难程度加深而增加，并且研究还发现，面对难度大的任务评估者明显做出过于自信的判断①。另外的研究也表明，在完成一般任务难度时，专家预测的准确性会比普通人更好，但当任务难度加大时，专家在做预测时会表现的比普通人更加自信②。因此，要使评估更准确，更贴近真实值需要通过校准来提高专家判断的准确性。

校准（calibration）是个体对自己做出判断的信心水平和真实值之间一致性程度的一种测量③。理想状态下个体对自己判断的自信程度和真实值可以完全匹配，这种情况下不会产生任何误差，但是往往这两者是不一致的。因此，只有个体具有较好的校准，在此基础上所做的判断才是与真实情况较为接近的，误差才会小。Fischhoff 等研究发现，评估者过度自信主要表现在对小概率事件进行判断时，总是倾向小概率事件会发生，即高估了该事件的发生概率，这样必然导致该评估者评估的置信区间太小④。因此，在请专家进行评估前，可以对专家进行校准，如果专家的校准较低，可以通过提高专家的校准，从而消除专家根据自身经验所带来的误差。在专家评估时，有的专家相对自信，有的专家相对保守，而且每个专家的认识经验不一样，在做评估时可能运用的标准也不一样。经过提高校准练习，可以使多位专家在同一个标准下，做出的判断更加趋近真实值，减少多位专家之间不一致的误差。

2.3.2 验证专家评估不确定性的方式

要提高专家的校准，首先要知道该专家表达不确定性的方式是倾向于自信的，还是偏向保守的。轮盘赌测试可以很好地鉴别出专家在做评估时是倾向过于自信还是过于保守。轮盘赌测试是让专家先做一些跟所要评估任务相关的一个任务，在专家给出自己的判断后，请专家给出一个置信区间，即让专家自己评价他所给出的结论反映真实情况的程度。例如，在研究空战力量对比的问题上，让专家评估某型隐身飞机的迎头正面 RCS。假设专家给出的结论是 $0.6m^2$，请专家自己评价该方案能反映真实空战的程度是多少。例如，专家可能给出 80%的置信区间，即对自己给出的结论有 80%的信心，然后请专家做轮盘赌测试。

---

① TVERSKY G D A . The weighing of evidence and the determinants of confidence[J]. Cognitive Psychology，1992，24（3）：411-435.

② 刘华阳. 基于过于自信理论视角的上市公司高管投资决策研究[D]. 厦门：厦门大学，2009：13.

③ 吴艳春，方平，梁宇学. 关于校准研究的现状及研究趋势[J]. 首都师范大学学报（社会科学版），2003（4）：98-102.

④ 刘华阳. 基于过于自信理论视角的上市公司高管投资决策研究[D]. 厦门：厦门大学，2009：12.

方法 A：如果该隐身飞机的迎头正面 RCS 是小于 $0.6m^2$ 的，那么他就可以赢得 1 万元，否则什么也得不到；

方法 B：旋转一个分成两个大小不等的"扇形"转盘，如图 2.6 所示，一个扇形占 80%的面积，而另一个占 20%，转盘上有一个固定指针。如果转盘停下来后，指针停在大扇形区域，专家就能赢得 1 万元，否则什么也得不到（也就是说，专家有 80%的机会赢到一万元）。

请专家自己选择用方法 A 还是方法 B。第一种情况是专家选择方法 B，则证明他认为转盘有更高的获胜机会，由此可知该专家对自己的评估结果所给出的80%信心其实是高估的表现，他真实的意图可能是 75%、70%的信心，这说明他在最初的评估中是偏向自信的，即他在评估不确定性事件的方式时，其心里真实估计的不确定性要比他最终对外做出的判断要高。第二种情况是专家选择方法 A，则证明他认为自己评估结论有更高的获胜机会，由此可知该专家对自己的评估结果所给出的 80%信心是低估的表现，他真实意图可能是 86%、90%的信心，这说明他在最初评估中是过于保守的，即他在评估不确定性事件时，其心里真实估计的不确定性要比他最终对外做出的判断要低。第三种情况是当专家认为方法 A 和方法B 都是等价的，他认为选择哪一个都可以，两者没有区别，这时候证明该专家在对不确定性事件做评估时，他的方式可以很好地反映其真实意图，也就是说他所给出的结论准确率较高，他有 80%的信心确实能反映出 80%的正确率，这个时候专家的校准会比较高。假设专家属于最后一种情况，他的校准本身就比较好，则可不用进行提高校准练习，可以直接进行评估。但是，如果出现前两种情况，那么要对专家进行提高校准的练习，使专家改变偏向自信或偏向保守的评估方式。

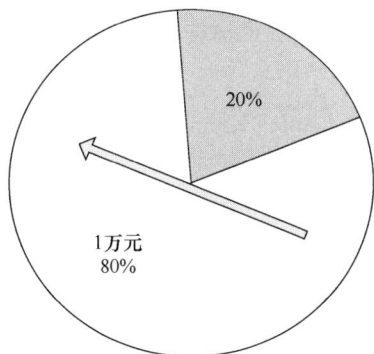

图 2.6　轮盘赌测试

2.3.3　校准训练

在道格拉斯·W·哈伯德一项关于校准训练的研究中发现，经过 5 次校准练习后，有 75%被试的校准有显著提高，可以成为既不过于自信，也不过于保守的人。也就是说，经过校准训练后，被试的 90%置信区间包含真实答案的可能性大概也是 90%，因此校准可以提高人们对不确定性事件的评估准确度。对于偏向自信和偏向保守的专家，可以对其进行提高校准的练习。在 19 世纪 70 年代末，在判断信心的研究中最早对校准进行了探究，发展至今有许多可以提高校准水平的方法。比较常用的训练方法有重复和反馈法、赞成和反对意见法、反向锚定法，根据实际情况可以采用不同方法。下面，对这几种方法进行介绍。

1. 重复和反馈法

重复和反馈法是连续请专家做几个测试，这些测试是有正确答案的，每做完一个测试请专家说出自己给出答案的置信区间，然后反馈给专家正确答案。专家在知道正确答案后尽量调整评估方式，在下一个测验中可以提高自己水平。如此反复 3~5 次。此方法运用时应注意所给题目应尽量与之后真正要专家评估的任务是同一个方向，评估标准应最大程度上相似，这样可以使专家了解本次评估中需要遵循的标准有哪些。此方法可以在访谈式的评估中用，也可以调查问卷形式进行。例如，在上面的例子中，请专家评估某隐身飞机的迎头正面 RCS，在进行评估前先让专家做几个测试，然后分别拿已经测量过的模型或者其他机型的 RCS 请专家进行评估，再告诉他真实值，经过 3 次练习后进行评估任务。

2. 赞成和反对意见法

该方法在访谈的情况下进行，但也要准备测试题。在专家完成测试题后让专家给出置信区间，然后让专家说出为什么对自己的评估有信心（至少两点原因），最后再说出自己可能出错的两点原因。这种提问方式可以使专家进行反思，在反思过程中修改自己对不确定事件的评估方式。

3. 反向锚定法

诺贝尔经济学奖获得者 Daniel Kahneman 在实验中发现，在做评估之前让被试接触其他无关的数字信息，被试在之后的评估任务中会受到之前接触数据的影响。因为个体认知经验不同，所以每个人在评估时，心里可能会有自己的一个衡量尺度，这个值会对评估任务产生影响，这就是锚定。尤其在多专家评估时，每个专家心里的锚定可能是不一样的，所以在最终集成多专家意见时就会产生许多误差。因此，为了避免产生锚定，在进行练习时要求专家按规定的置信区间给出结论的上、下限，一般这个置信区间设为 95%。例如，在专家评估 RCS 的例子中，在练习时，让专家评估某型战机的侧面 RCS，要求专家给出的答案是一个区间，而且这个答案的置信区间是 95%，即真实值比答案的上限低的把握是 95%，比下限高的把握是 95%。这样专家会自行调整自己的上、下限，以便自己给出的答案是最有把握的。随后再把真实数据告诉专家，这样经过几轮练习，专家会逐步调整心里的锚定，从而把要评估的任务标准作为锚定，进而在多专家评估时使得每个专家的锚定是一致的。

2.3.4　单人信度分布函数生成方法

单人信度就是针对不确定性任务请一名专家对该任务进行评估，单人的信度分布函数生成步骤如图 2.7 所示，在第 1 章探讨了信度分布函数，本节将针对单人的专家评估生成信度分布函数，不确定的统计数据是基于专家的评估数据而不是历史数据。

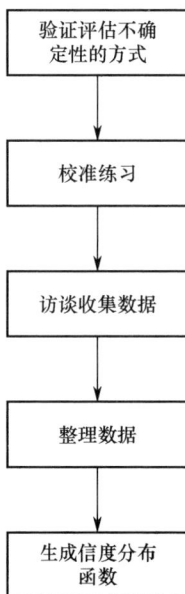

图 2.7　单人信度分布函数生成流程图

这里，采用访谈的方法来获得专家的评估数据，邀请一位相关领域的专家，在校准练习后，要求其完成关于不确定性任务的访谈。例如，请专家评估某型隐身飞机的迎头正面雷达反射面积，访谈过程如下。

问：请问您认为这个型号的隐身飞机的迎头正面 RCS 的最小面积是多少？

专家：$0.01m^2$。

问：您认为最大的面积是多少？

答：$1m^2$。

问：您认为一个可能的面积是多少？

答：$0.7m^2$（运用前述多种校准模式确定）。

问：您认为小于等于 $0.7m^2$ 的信度是多少？

答：0.8（通过轮盘赌对比的方式确定，以下同理）。

问：您认为小于等于 0.6m² 的信度是多少？
答：0.5。
问：您认为小于等于 0.5m² 的信度是多少？
答：0.4。
问：您认为小于等于 0.4m² 的信度是多少？
答：0.3。
问：您认为小于等于 0.3m² 的信度是多少？
答：0.2。
问：您认为小于等于 0.2m² 的信度是多少？
答：0.1。
问：您认为小于等于 0.1m² 的信度是多少？
答：0.05。
问：您认为小于等于 0.8m² 的信度是多少？
答：0.9。

从专家获得评估数据：（0.1，0），（0.2，0.1），（0.3，0.2），（0.4，0.3），（0.5，0.4），（0.6，0.5），（0.7，0.8），（0.8，0.9），（0.9，0.95）则评估数据整理如表 2.2 所列。

表 2.2 某专家的信度评估数据

RCS/m²	0	0.1	0.2	0.3	0.4	0.5	0.6	0.7	0.8	1.0
信度	0	0.05	0.1	0.2	0.3	0.4	0.5	0.8	0.9	1.0

根据表 2.2 中的数据，经过高次函数拟合，生成了该专家的信度函数分布如图 2.8 所示。

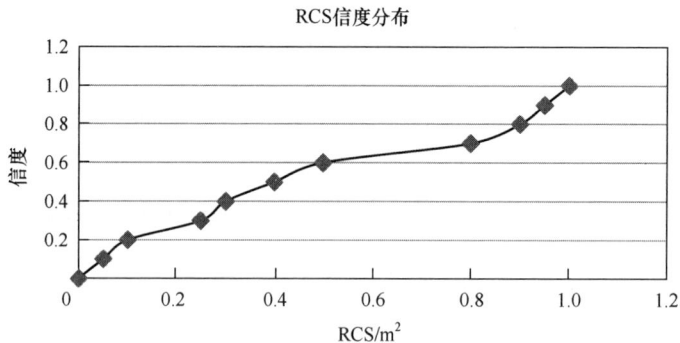

图 2.8 单人信度分布函数

当然，这里给出的例子中是请经过校准练习后的专家对 RCS 进行评估，在访谈过程中间的是小于等于某一值的信度。在实际运用过程中，也可以规定大于等于某一特定值。但是必须注意的是，在全过程中所有指标评估应该是一致的方向，大于等于或小于等于某特定值这个方向是不可以变动的。

2.3.5　德尔菲法生成信度分布函数过程

为了发挥群体智慧，通常请多个专家进行共同判断，然后综合多个意见。德尔菲法（Delphi）是研究关于集成多专家意见的众多方法中最为经典的一个，该方法是由美国兰德公司于 20 世纪 60 年代末首次成功的用在定性预测，现在该方法在军事、医疗及金融等领域得到广泛应用[①]。德尔菲法的假设是群组经验比个人经验更有效，该方法要求专家在两个或多个回合中回答问卷调查。每一轮之后，主持人首先提供匿名总结，以及专家提供意见的原因；然后鼓励专家修改他们以前的答案，在这一过程中，专家的意见将收敛到一个适当的答案[②]。运用德尔菲法来生成信度分布函数，其主要步骤如下。

步骤 1：请专家提供该领域的实验数据。

$$\left(x_{ij}, \alpha_{ij}\right)(j = 1, 2, \cdots, n_i; i=1, 2, \cdots, m)$$

步骤 2：使用第 i 个专家的实验数据 (x_{i1}, α_{i1})，(x_{i2}, α_{i2})，$\cdots$，$(x_{in_i}, \alpha_{in_i})$ 生成信度分布函数 $\Phi_i(i = 1, 2, \cdots, m)$，分别生成每个专家的信度分布函数。

步骤 3：计算

$$\Phi(x) = \omega_1 \Phi_1(x) + \omega_2 \Phi_2(x) + \cdots + \omega_m \Phi_m(x)$$

式中：$\omega_1, \omega_2, \cdots, \omega_n$ 是组合系数，代表该专家的权重。

步骤 4：如果 $\left|\alpha_{ij} - \Phi(x_{ij})\right|$ 对于所有的 i 和 j，小于一个给定的水平 ε，且 $\varepsilon > 0$，就转到步骤 5。否则，专家接受总结然后提供一套修订专家结论的实验数据（如在上一轮评估中得出的分布函数），再从步骤 2 开始。

步骤 5：Φ 最后的功能是生成信度分布函数。

虽然德尔菲法在决策领域被大量采用，但是从生成分布及实际应用的过程这两方面来看，该方法仍有其不合适的地方：一是德尔菲法会花费大量时间，该方法为了使专家的意见统一，会进行 3 轮以上的评判，因此其周期过长，但是又不能循环往复地进行下去，有时会出现经过多轮讨论后专家意见仍不能统一的情况，浪费大量时间。二是用德尔菲法进行评估时会与真实情况有差距，心理学家塞克曼的一项关于该方法研究中，把研究对象设定成评估专家，得到一个重要的结论是德尔菲法的最终收敛更可能是出于厌烦成分，而非意见一致[③]。

---

① 林甦，任泽平. 模糊德尔菲法及其应用[J]. 中国科技论坛，2009（5）：102-103.

② WANG X S, HA M H. Quadratic entropy of uncertain sets[J]. Fuzzy Optimization and Decision Making，2013.12(1)：99-109.

③ 李嘉明，朱如意，鲁晓利. 基于专家群组判断的主观概率确定[J]. 统计与信息论坛，2008（10）：18-20.

德尔菲法反复让专家评分的目的是为了消除专家对于要评价问题之间的差异，要聚合专家意见，但过程周期过长，与其他专家意见不一致的专家被要求重新评估，经过几轮后难免会产生从众效应。为了克服以上问题，本书提出了新的集成方法即多专家信度分布函数的集成方法。

2.4 多专家信度分布函数的集成方法

从认知心理学的角度上看，通常多视角优于单视角判断，综合集成同层次独立的多专家判断优于单个专家的判断。同样，信度分布函数可以采用多专家独立综合集成的方式来实现。图 2.9 所示为多专家信度分布函数的流程，由图可以看到，与单个专家的信度分布函数相比，多专家的信度分布函数不能直接根据评估数据得出，所以需要对多专家的评估结果进行拟合，集成多专家的信度，在集成的基础上才能生成信度分布函数。在集成多专家信度时，采用最大值法、最小值法、平均值法、中值法、累积法，熵权法。

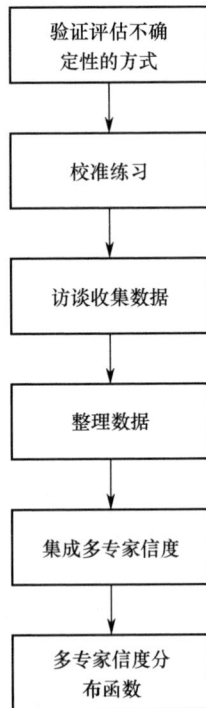

图 2.9 多专家信度分布函数生成流程图

2.4.1　集成多专家信度方法

1. 最大值法

最大值法是在同一个估计值上取多专家中给出的最大值记做该估计值的信度。假设 A_{ik} 是第 k 位专家在第 i 个特征量上评估的信度，A_i 是集成专家意见后第 i 个特征量最终的信度（信度分布函数在第 i 个离散特征量上的值），其中 $k \geq 2$，$i \geq 1$，则 $A_i = \max(A_{i1} A_{i2} \cdots A_{ik})$。

例如，2.3 节的例子中，请 3 名专家评估 RCS，RCS 在小于等于 0.1m^2 的信度上，3 个专家分别给出的信度是 0.05、0.1、0.2，因此 RCS 在 0.1m^2 这个值上最终取 0.2 作为该值的信度，即（0.1，0.2）。

2. 最小值法

最小值法是在同一个估计值上取多专家中给出的最小值记做该估计值的信度，假设 A_{ik} 是第 k 位专家在第 i 个特征量上评估的信度，A_i 是集成专家意见后第 i 个特征量最终的信度，其中 $k \geq 2$，$i \geq 1$，则 $A_i = \min(A_{i1} A_{i2} \cdots A_{ik})$。

例如，3 名专家在评估 $\text{RCS} \leq 0.1\,\text{m}^2$ 时的信度，3 个专家分别给出的信度是 0.05、0.1、0.2，因此 RCS 在 0.1m^2 这个值上最终取 0.05 作为该值的信度，即（0.1，0.05）。

3. 平均值法

平均值法是在同一个估计值上取每个专家给出的信度的平均值，作为该估计值的信度。假设 A_{ik} 是第 k 位专家在第 i 个特征量上评估的信度，A_i 是集成专家意见后第 i 个特征量最终的信度，其中 $k \geq 2$，$i \geq 1$，则 $A_i = (A_{i1} + A_{i2} + \cdots + A_{ik})/k$。

例如，3 名专家在评估 RCS 小于等于第二个特征量 0.1m^2 时的信度，3 个专家分别给出的信度是 0.05、0.1、0.2，因此在 0.1m^2 上的信度 $A_2 = (0.05 + 0.1 + 0.2)/3$，最终在第二个特征量上的信度约为 0.117。

4. 中值法

中值法就是取每个专家对同一个估计值给出的信度的中位数作为最终集成的信度，把每个专家对同一个估计值给出的信度按升序或者降序排列，假设 A_{ik} 是第 k 位专家在第 i 个特征量上评估的信度，A_i 是集成专家意见后第 i 个特征量最终的信度，其中 $k \geq 2$，$i \geq 1$，把 k 位专家所评估的信度 $A_{i1}, A_{i2}, \cdots, A_{ik}$ 按照从大到小或者从小到大的顺序排列。当 k 为奇数时，A_i 取第 $(k+1)/2$ 位专家所给出的信度；当 k 为偶数时，A_i 取第 $k/2$ 位数和第 $(k+2)/2$ 位数信度的平均数。

例如，3 名专家在评估 RCS 小于等于第二个特征量 0.1m^2 时的信度，3 个专家分别给出的信度是 0.05、0.1、0.2，那么取中位数得出小于等于 0.1m^2 这个值上信度是 0.1。

5. 累积法

累积法其目的是把每个信度的积累效应放大化。假设 A_{ik} 是第 k 位专家在第 i 个特征量上评估的信度，A_i 是集成专家意见后第 i 个特征量最终的信度，其中 $k \geqslant 2$，$i \geqslant 1$，则

$$A_i = A_{i1} A_{i2} \cdots A_{ik} / \left[A_{i1} A_{i2} \cdots A_{ik} + (1 - A_{i1}) \cdot (1 - A_{i2}) \cdots (1 - A_{ik}) \right] \quad (2.16)$$

例如，3 位专家在评估 RCS 小于等于第二个特征量 0.1m^2 时的信度，3 位专家分别给出的信度是 0.05、0.1、0.2，则在第二个特征量上集成专家的信度最终为

$$A_2 = (0.05 \times 0.1 \times 0.2) \div \left[0.05 \times 0.1 \times 0.2 + (1 - 0.05) \times (1 - 0.1) \times (1 - 0.2) \right] \quad (2.17)$$

最终得出信度是 0.0015。

6. 熵权方法

对于多名专家判断的综合集成，熵权方法是根据专家的确定程度来分配综合权值。如果某个专家对自己的判断自信心强，则综合时赋予其更大的权值，反之赋予小的权值。如何确定专家判断的自信心呢？可采用熵值的方法。传统意义上的熵值描述了事物的不确定性程度。例如，对于互斥事件序列 $E_1, E_2, \cdots, E_N$，其发生的概率为 $P_1, P_2, \cdots, P_N$，$\sum_{i=1}^{N} P_i = 1$，则可用熵值 $S = \sum_{i=1}^{N} -P_i \log_2 P_i$ 表示不确定性，显然当所有事件发生的概率相等时，熵值最大，不确定性最大。类似地，如果专家对不同事件判断的概率值接近，则说明专家自身对判断对象具有较大的不确定性，相应则降低该专家的权重。在此借鉴熵值的概念，对于第 j 位专家，在信度分布函数上，其第 i 个特征量信度为 A_{ij}，令 $P_{ij} = A_{i+1,j} - A_{ij}$，则 $S_j = \sum_{i=1}^{N} -P_{ij} \log_2 P_{ij}$。计算出的熵值，表示专家判断的不确定性程度，其值越大表示越不确定，也即对此次判断，专家自信心不足，反之亦然。这样，各个专家的权重通过熵值来确定。如果依据第 j 个专家的信度分布函数算出的熵值是 S_j，熵值越大，说明专家自信程度越低，因此其权值越小，通过转换设定其权值 $W_j = \dfrac{\mathrm{e}^{-S_j}}{\sum_{j=1}^{k} \mathrm{e}^{-S_j}}$，则综合后第 i 个特征量信度 $A_i = \sum_{j=1}^{k} A_{ji} W_j$。

上述综合方式能否有效地综合多专家信度，首先要满足一个必要条件，即综合之后仍具有信度分布函数形式，就是连续单调性。有如下定理。

定理 2.4 信度按上述 6 种综合方式综合后，仍保持信度分布函数的形式，

即连续单调。定理证明参见附录二。

2.4.2　多专家信度分布函数的集成实例

请 5 位专家评估某型隐身飞机的迎头雷达反射面积，经过校准练习后 5 位专家分别根据问卷调查形式给出相应的信度，主要把 RCS 分为 6 个刻度的抽样特征值进行评估，分别请专家给出 RCS 小于等于 0，0.1、0.2、0.4、0.6、0.8、1.0 这 6 个刻度的信度。数据整理如表 2.3 所列。

表 2.3　多专家的信度评估数据

	RCS（抽样特征值）/m^2	0	0.1	0.2	0.4	0.6	0.8	1
信度	专家 1	0	0.1	0.3	0.4	0.7	0.9	1
	专家 2	0	0.05	0.1	0.2	0.5	0.8	1
	专家 3	0	0.1	0.4	0.6	0.8	0.9	1
	专家 4	0	0.2	0.5	0.7	0.9	0.99	1
	专家 5	0	0.2	0.3	0.7	0.8	1	1

表 2.3 中每例表示抽样的特征值，每行表示专家号，表格中每个值即为某专家判断小于某个抽样特征值的信度，如图 2.10 所示。

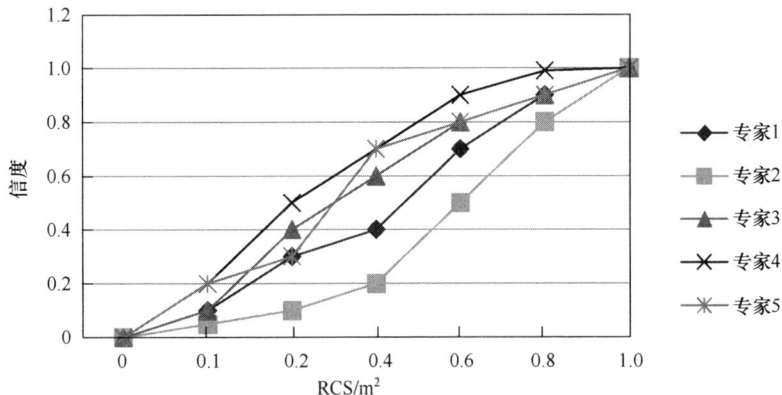

图 2.10　5 位专家各自的信度分布函数

分别用取最大法、取最小法、平均法、中值法、累积法、熵权法集成 5 位专家的信度，结论如表 2.4 所列。

表 2.4　多专家的信度评估集成

	RCS/m^2	0	0.1	0.2	0.4	0.6	0.8	1.0
信度	取最大	0	0.2	0.5	0.7	0.9	1.0	1.0
	取最小	0	0.05	0.1	0.2	0.5	0.8	1.0

（续）

	RCS/m²	0	0.1	0.2	0.4	0.6	0.8	1.0
信度	取平均	0	0.13	0.32	0.52	0.74	0.9	1.0
	中值	0	0.1	0.3	0.6	0.8	0.9	1.0
	累积	0	4.06×10^{-5}	0.0134	0.5765	0.9970	1	1.0
	熵权	0	0.13	0.33	0.52	0.74	0.91	1.0

6 种方法集成多专家的信度分布函数如图 2.11 所示。

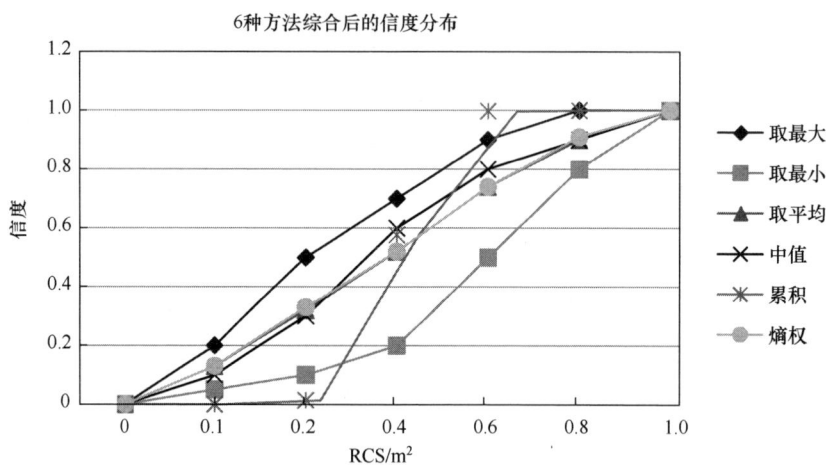

图 2.11 多专家信度分布函数集成图

在实际问题中，采用何种综合方式可以灵活确定，也可以试用多种进行比较，选择较为合适的一种。

2.5 信度分布函数方法减小判断误差的例证分析

本节用一个真实的实验案例，例证信度分布函数模型，以及多人信度分布综合手段能够有利于改进人的主观判断效果。本案例形式较为简单，也即主观判断中的经典猜豆子实验，本实验的目的是验证多人信度分布函数对提高判断准确性的重要意义。2018 年 7 月，作者在某学院组织了 74 名新学员猜测一个玻璃罐中豆子数量，该罐子装入了 120 粒豆子。实验方案如下：

实验第一步：首先，让学员独立猜测罐子内豆子数量，然后每人给出一个猜测数据，结果如表 2.5 所列。

表 2.5　74 名学员的猜测值

编号	猜测值	编号	猜测值	编号	猜测值	编号	猜测值	编号	猜测值	编号	猜测值
1	83	15	65	29	115	43	50	55	77	69	78
2	88	16	60	30	182	44	130	56	147	70	99
3	99	17	78	31	72	45	200	57	80	71	98
4	123	18	60	32	49	46	63	58	132	72	100
5	112	19	122	33	99	47	96	59	60	73	147
6	110	20	60	34	92	48	73	60	84	74	92
7	98	21	136	35	96	49	150	61	90		
8	125	22	66	36	99	50	200	62	50		
9	88	23	108	37	75	51	112	63	99		
10	100	24	150	38	99	52	88	64	100		
11	98	25	130	39	89	53	108	65	130		
12	99	26	52	40	110	54	115	66	80		
13	100	27	100	41	167	55	77	67	145		
14	116	28	138	42	98	56	147	68	88		

　　所有被试猜测的平均值为 105.6，平均值比大部分猜测值都接近于真实值（比 83%被试者猜测的结果都要接近于真实值）。这也体现了群体认知智慧。

　　实验第二步：运用信度分布函数以及多人信度综合方法，进一步提高群体猜测精度。

　　（1）让被试者不是直接给出一个猜测数据，而是按 2.4 节提出的几种方式手段，在经过校准训练后，给出一个信度分布函数，74 名被试的给出的信度分布如图 2.12 所示。

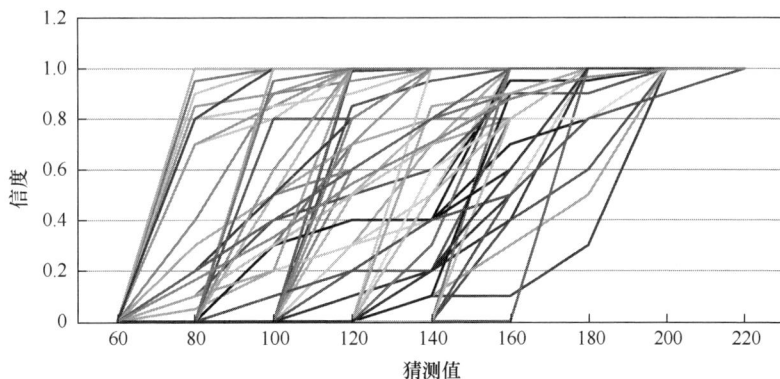

图 2.12　74 名学员的信度分布

　　（2）运用平均的综合手段，综合后的总体信度分布函数如图 2.13 所示，用信度期望计算方法，得信度期望值为 118.6，非常接近真实值。从这次实验也例证说明了运有信度分布函数使得群体判断猜测更为准确。从认知心理学角度解释，这是因为信度分布函数扩充了判断视角，使判断人员可以更多视角描述问题，也相当于扩充了认知群体的数量，提高了主观判断水平。

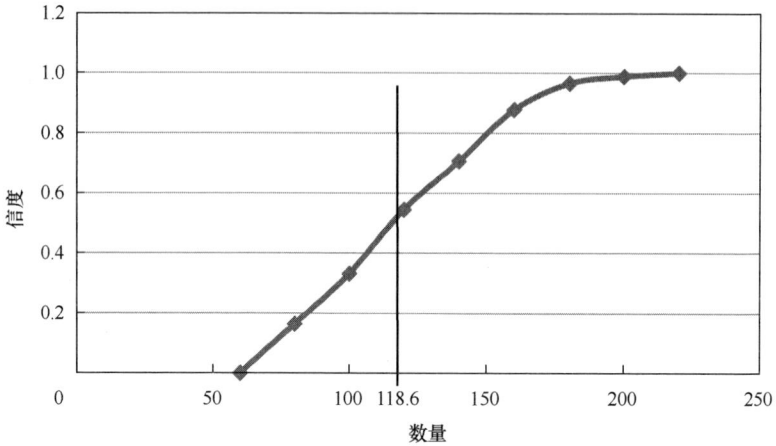

图 2.13　综合后的信度期望值

　　当然，本例只是对信度分布函数的应用价值进行了一个演示性的说明，以后仍需深入研究信度分布函数的理论基础，并在大规模实验的基础上进行实证分析。

第3章　探索性评估论证的目标分析

评估论证本质是找到符合或接近目标需求的决策方案。传统多目标，多属性等决策方法非常强调方案之间的评估排序，选择的结果就是排序较优的方案。然而，在实际问题中，排第一的也不一定是可选的方案，排最后的也不一定是不可选的方案。因为实际问题有特定的目标需求，方案优劣要紧扣目标需求，而不只是基于方案之间的比较。因此，评估论证首要的工作就是要确定目标需求。然而，实际复杂评估论证问题，很难清晰界定目标需求的区域。目标需求的不确定性是评估论证中首先面对的一类不确定性，处理好这类不确定性将会极大地提高评估论证的质量。本章以及第 4 章探讨如何用探索性手段获取目标需求。

3.1　探索性评估论证中的目标框架

进行有效的方案论证的第一步就是如何确定目标。然而，在评估论证的起点上，目标往往以一种宏观抽象的方式来描述，例如，选拔优秀人才、有效夺取制空权等都是抽象描述方式。这些是目标声明的形式。目标声明无法直接用来衡量实际方案是否达到目标需求，往往是一种抽象定性的描述①，无法直接测量，其主要功能是便于全局地把握目标。目标准则是刻画目标的可测量化程度，可以直接描述测量，如图 3.1 所示。要有效进行方案评估论证，定性的目标声明须逐步转化为具体可测的目标准则，并在目标准则空间中确定目标需求区域，即目标准则需求集，简称为目标集。例如，如果评估论证问题的目标是选择较佳的打击方案以夺取制空权，夺取制空权是定性的目标声明，是无法直接测定的。因此，必须把这一个目标声明转化成具体的目标准则，目标准则即是对敌重要目标的毁伤程度，我方损失量等，如图 3.2 所示。在目标准则空间中，寻找符合目标需求的区域，在这一个区域中表示达到了目标，即区域中的敌我毁伤的状态表示我方能有效夺取制空权，在图 3.3 中的阴影区域就是夺取制空权的目标准则需求集示意图。

---

① 描述目标声明中目标完成情况，通常用[0, 1]区间内的抽象指数来刻画。

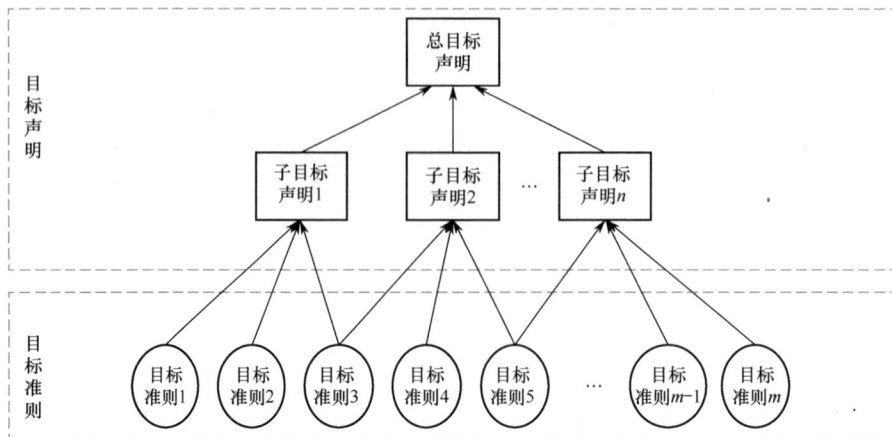

图 3.1　目标声明与目标准则

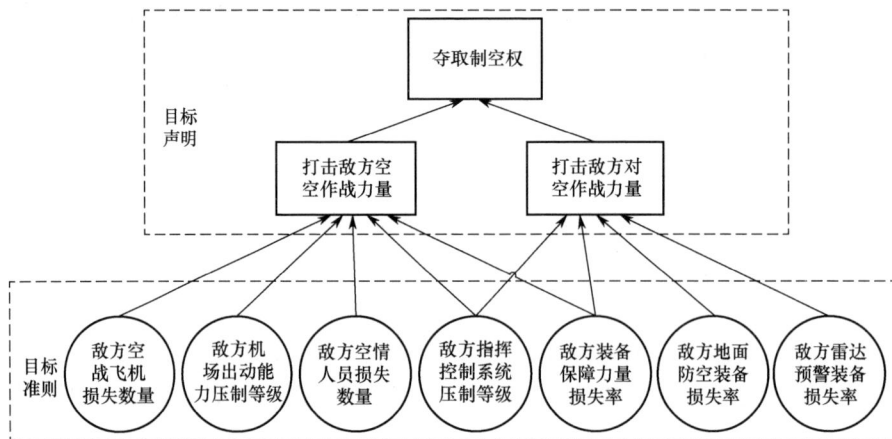

图 3.2　夺取制空权目标声明与准则

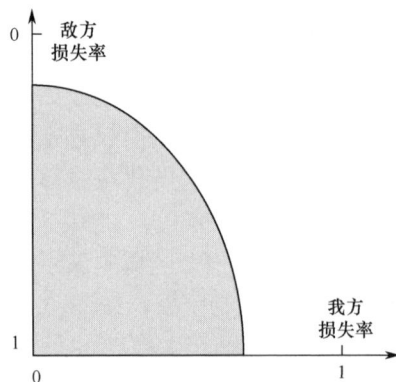

图 3.3　损失率目标集

3.2　目标声明及其运算

目标声明是对目标完成情况的宏观抽象描述，目标声明中的目标通常是无法直接测定的，往往通过不断分解成可测定的目标准则来综合刻画。对目标声明的刻画，是用目标完成度来实现。目标完成度，通常是一个不确定性描述量[①]。如前面所述，不确定包括两类：一类是概率型；一类是信度型。概率型描述是指达到该目标的概率。如果说某目标完成的概率是 0.8，则表示当发生次数足够多时，其中有 80%的情况，都能达到目标。这也是一种频率标度。而信度是另一类的不确定性标度，是对某一客观事物的主观信度估计值。例如，对某人的身高主观估计为 170～175cm 信度为 0.8，这并不表示此人 80%的测量次数在这一区间，而另外 20%不在这区间。实际上，此人的身高是一个确定值，只不过不能精确测定，是主观上的未确知，不是客观上的不确定。给出的信度值只是一种信念的程度，是对主观判断不确定性的一种量度刻画。其类似于概率分布函数，也有一套关于信度分布函数的理论体系，如第 2 章所介绍的。

另外，很多实际问题还运用程度这一概念来表示目标完成的度量。虽然，目标只要完成程度不是 1，逻辑上就表示目标没有完成。但是，为了深入分析离完成目标的差距值，还应引入程度这一概念。例如，目标是获得 10000 元利润，而实际上只有 5000 元利润，虽然未成完成目标，但可以用 0.5 表示完成程度。同样，程度的表示也常常为不确定性的，也可用概率与信度来刻画，例如完成任务不同的程度可用概率或信度。

目标声明通常要进行分解，一个总的目标分解成若干个子目标来刻画，而子目标又继续分解。目标的实现是其子目标实现度综合得出的。目标与子目标的关系通常可以分成以下几类，其中不同的逻辑关系与目标描述形式也具有不同的综合方式。

1. 子目标"与"关系

目标"与"关系是指各子目标都完成，总目标才能完成，如图 3.4 所示。例如，对于争夺制空权这一个总目标，只有我方损失目标小于某一个值，敌方损失目标大于某一个值同时实现时，才满足夺取制空权目标要求。

[①] 用[0, 1]区间中的某个值来表示目标完成度，如果取 0，或 1，则表示能绝对的确定目标完成与否，不过在实际当中，很难做到绝对确定，因此通常还是一种不确定性的描述，用信度或者概率或程度来描述。

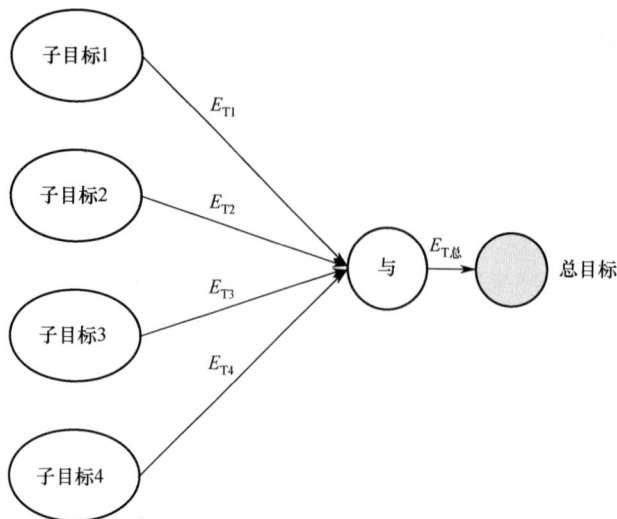

图 3.4 目标 "与" 关系

设有 N 项子目标与总目标是 "与" 关系时，则目标的综合完成效果为

$$E_{\text{T总}} = \prod_{i=1}^{N} E_{\text{T}i}$$

式中：$E_{\text{T总}}$ 为总目标完成概率；$E_{\text{T}i}$ 为各子目标完成概率；N 为子目标的数量。

如果各子目标的完成情况用信度表示，有

$$E_{\text{T总}} = \bigwedge_{i=1}^{N} E_{\text{T}i}$$

式中：$E_{\text{T总}}$ 为总目标完成信度；$E_{\text{T}i}$ 为各子目标完成信度；N 为子目标的数量。

对于信度采用取小算子进行综合。

2. 目标 "或" 关系

目标 "或" 关系是指只要子目标有一个完成，总目标就能完成，如图 3.5 所示。例如，对敌方防空火力单元的打击目标中对制导雷达、导弹发射车、阵地等子目标同时进行打击，只要某一个目标功能丧失，则敌方防空火力单元功能就会丧失，从而达成目标要求。

设有 N 项子目标与总目标为 "或" 关系，则目标的综合完成概率为

$$E_{\text{T总}} = 1 - \prod_{i=1}^{N} \left(1 - E_{\text{T}i}\right)$$

式中：$E_{\text{T总}}$ 为总目标完成概率；$E_{\text{T}i}$ 为各子目标完成概率；N 为子目标的数量。

同理，如果各子目标的完成情况用信度表示，有

$$E_{\text{T总}} = \bigvee_{i=1}^{N} E_{\text{T}i}$$

式中：$E_{T总}$ 为总目标完成信度；E_{Ti} 为各子目标完成信度；N 为子目标的数量。

在目标"或"关系时，对于信度采用取大算子来综合。

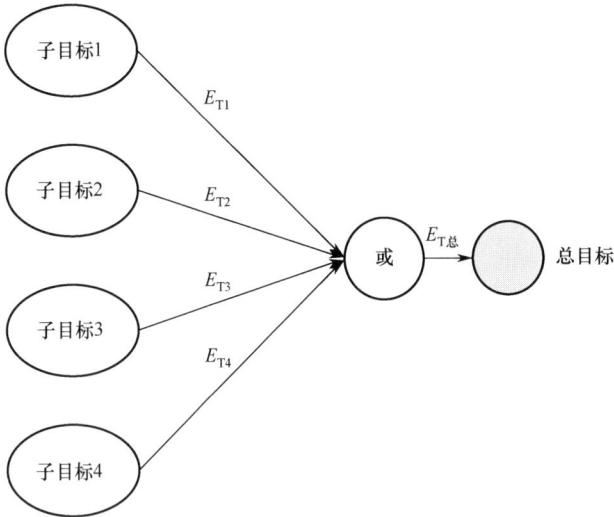

图 3.5　目标"或"关系

3. 目标"与－或"关系

实际复杂问题，往往是多种逻辑的组合，既有"与"，又有"或"的关系，如图 3.6 所示。对于这类问题，直接这样按照上述的综合方式，进行多重集结即可。

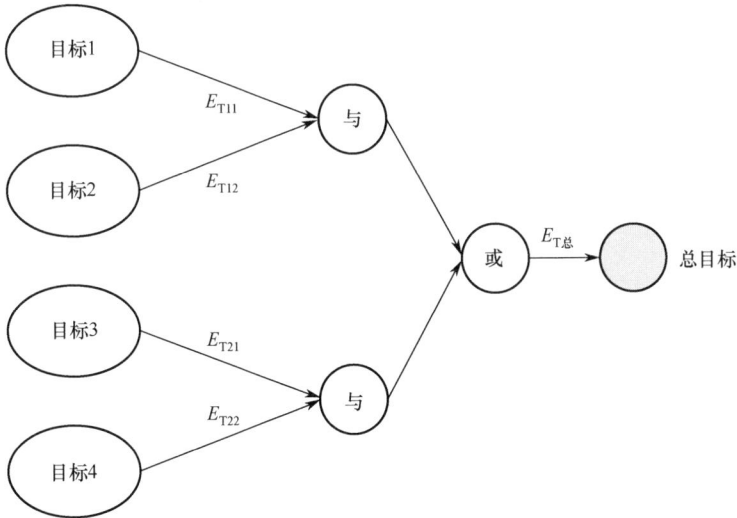

图 3.6　目标"与-或"关系

4. 面向程度的更复杂映射关系

所述主要是目标与子目标的定性逻辑关系。另外，也存在更复杂的量化影响关系。这类问题是指目标与各子目标的关系不是简单逻辑可以确定的，往往之间的关系是高度复杂的。例如，目标与子目标用完成的程度来刻画时，那么逻辑运算是肯定不合适的，需要复杂的量化累积运算[①]。对于这类问题，要确定总目标与子目标的关系，往往通过交互式实验等探索性手段来确定映射关系，即确定函数 F 使得

$$E_{T总} = F(E_{T1}, E_{T2}, \cdots, E_{Ti})$$

很显然，函数 F 是一个单调增的函数，实际问题中，子目标完成情况与总目标完成情况肯定是正向影响的，如图 3.7 所示。

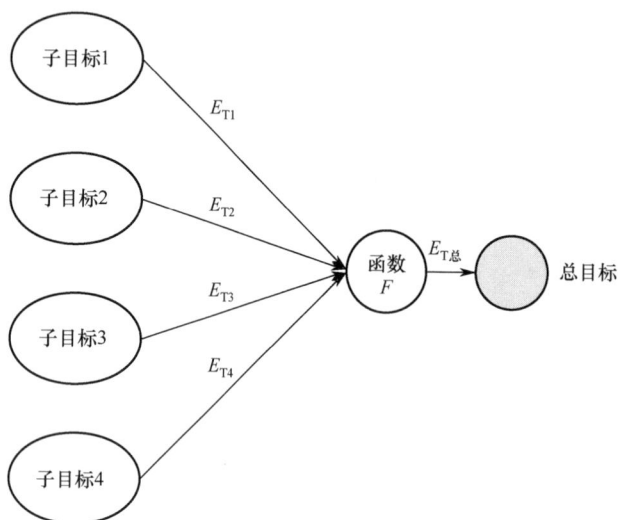

图 3.7　复杂的影响关系

3.3　目标准则（指标）

目标声明是评估论证目标的定性抽象描述，通常是无法直接测量的，要测量方案实现目标的程度需要有定量可测的描述变量，这种变量就称为目标准则，也称为指标。对于不同的目标声明，尽管存在一些交叉重合，其目标准则往往不一样。目标准则应与目标声明密切相关，目标准则是整个评估论证目标的度量。

---

① 这类问题最简单的方式是通过子目标完成程度的加权和累加得到上级目标的完成度（常用的如层次分析法），但是如果由于子目标复杂关联与非线性的影响原因，对大多数实际复杂问题，这种方式有效性较差。

1. 目标准则的确定原则

要对某一个对象进行评估，首先需选择适当的准则，建立准则向量空间（准则体系）。构建准则向量空间应遵循以下几个原则。

（1）系统性。目标准则应能全面反映被评估对象的综合情况，从中抓住主要因素，既能反映直接效果，又能反映间接效果，以保证综合评估的全面性和可信性。

（2）简明性。在基本满足效能评估要求和给出决策所需信息的前提下，应尽量减少准则数目，突出主要准则，以免使准则数量过于庞大，给后续的效能评估工作造成困难。

（3）可测性。准则应可定量表示，即准则能够通过数学公式、测量仪器或试验统计等方法获得。准则本身便于定量分析和实际应用，度量含义明确，具备现实收集渠道和可操作性。

（4）完备性。选择的准则应能覆盖分析目标所涉及的范围，但各准则不能重复出现，准则属性集具有广泛性、综合性和通用性。

（5）独立性。选择的准则应尽可能相互独立，准则之间应减少交叉，防止互相包含。

2. 目标准则的分类

准则按照数据取值类型可以分成以下几类：

（1）有无型。这一类准则，只有两个取值，如有无，是否，可还是不可等形式。这类准则只能做等于，与不等于的运算。

（2）等级型。准则的取值有顺序，各等级间的差距不一定相等，等级只是代表一个排序，并不代表任何基数意义，只有序类上的意义。例如，软件开发成熟度等级分成 1、2、3、4、5 等若干级，此等级只代表一个排序，并不是说 1 级与 2 级的差距等于 2 级与 3 级的差距。这类准则相对于有无型，还可以做大于、小于等的运算。

（3）等距型。准则上的尺度单位具有相等的值，也就是说准则值间差距等于数值的差距。这类准则相对于等级型，还可以做加法与减法的运算。此类典型量就是温度量，温度间的差值是可比较的。但是，不能说 20℃ 是 10℃ 的 2 倍温度。这是因为 0℃ 并非代表没有温度。

（4）等比型。等比型相对于等距型，主要的区别是准则取值范围内有一个实际意义的真正零点。这类准则还可以做乘法与除法的运算。现实中大量的连续量都是这一类型，如重量、费用等。不但差值可比较，比值也可以比较。这是因为零重量与零费用确确实实是表示没有重量与费用。

按照数据数学形式可以分为以下几类：

（1）标量型。标量就是指单个量构成的数据。用一个量值即可表示某一准则的量。例如，某战机的最大载重量、弹仓的容量等。

（2）向量与张量型。向量型是指无法用单个的量可以描述的准则，通常用多元向量的形式来描述。这些准则通常是条件型准则。例如，某战斗机的最大速度无法简单地用一个标量直接表明，它受飞行高度等条件限制。因此要用高度与速度合成的向量来描述，整个有效向量点集就是对这一准则数据的描述[①]。同样，准则通常是层次化构建的，父准则可以分解为子准则，这样需要张量工具来描述。

另外，从目标需求的方向上也可以分为以下几类：

（1）效益型。效益型就是指取值越大越符合需求，如效益类的准则。

（2）成本型。成本型指取值越小越符合需求，成本就是此类一个典型的准则。

（3）固定型。这类是指，准则取值越接近某一个理想值，或者理想区间就越好。在健康体检中，这类准则非常常见，如血压、BMI 指数等。固定型也可以通过数学变换转换成效益与成本类型。

3.4　目标准则需求集相关概念

评估论证目标是衡量评估论证方案的基本尺度，而对于决大多数决策问题，这把尺子是无形的。这是由实际评估论证问题的复杂性所决定，确定这把尺度是非常困难的。然而，要进行科学的评估论证，这把尺子又是无法回避的。在实际评估论证中，可以采取综合探索性的手段，获取能够有效支撑评估论证一种定量可参照的目标需求准绳。这个可参照的准绳，就是目标准则需求集（简称目标集）。

3.4.1　准则向量与准则向量空间

准则向量（也称为指标向量）是指由各个准则合成的一个向量，向量各维的取值表示每个准则的取值。例如，地空导弹武器系统的作战能力主要包括单发命中率、有效距离和反应速度等 3 个准则。若某型地空导弹武器系统的单发命中率 $P=0.6$，有效距离 $R=50km$，反应速度 $T=10s$，则该型地空导弹武器系统的作战能力准则向量 P 为（0.6，50km，10s），如图 3.8 所示。

准则向量空间（也称为指标向量空间）是指由准则（指标）向量构成的一个多维空间结构。图 3.8 示意性地描述了某型地空导弹武器系统作战能力准则向量空间，该准则向量空间为三维空间结构，各维分别为单发命中率、有效距离和反

---

① 也称为飞行包线。

应速度。这 3 个准则是评估导弹效能的重要依据。如果要设计某型导弹，要达到一定的作战效能，那么这几个重要准则需要在目标集中。

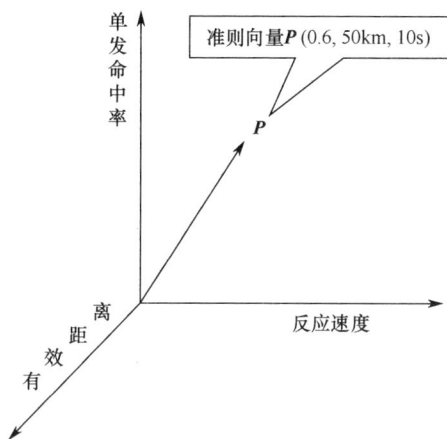

图 3.8　某型地空导弹武器系统作战能力准则向量

3.4.2　目标集

目标集是准则（指标）向量空间中能够满足目标需求条件的有效点集。例如，上述的 3 个关键能力指标作为评估该型导弹作战效能的准则，并构成准则向量空间。如图 3.9 中曲面包络的空间区域，则为准则向量空间中符合作战任务目标（如在某想定背景条件下对敌击毁率要大于某一个阈值）的向量点集，即为目标集。

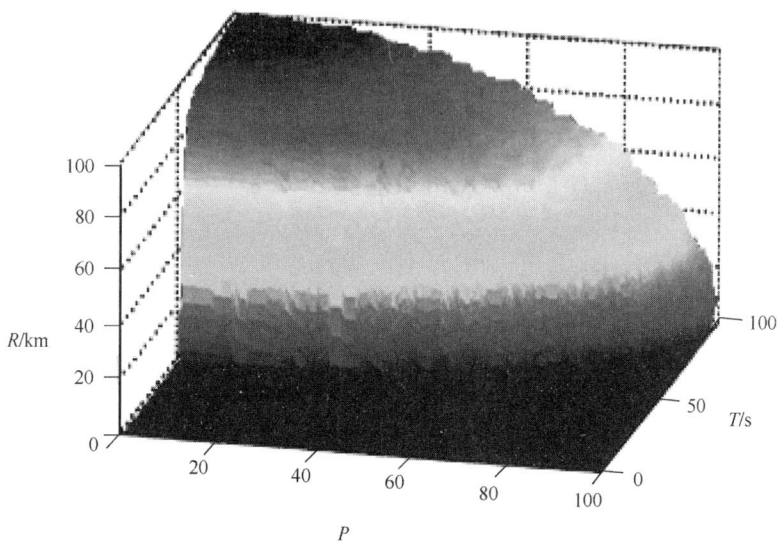

图 3.9　目标准则需求集示意图

3.5 目标集的分类

目标集样式繁多各异，对目标集进行分类，是为了找出其共同特征而采用相应有效的方法，以便尽可能准确高效地求得目标集。通常有以下几种分类方式：

3.5.1 独立与关联的

当每一维目标准则都是独立确定需求阈值时，这类目标集是独立类型。反之则是关联类型。很显然，独立类型目标集就是一个多维超立方（超盒），也就是各维目标需求范围的笛卡儿集。关联的目标集是各维不能独立地确定需求范围，各维是有影响关系的。例如，考试录取的分数线，肯定不是各门课单独设分数线，而是通过总分，或者一个总体评价标准来确定。

3.5.2 可解析与不可解析的

可解析是指可用解析方程式对其进行描述的指标目标集，这是最理想的一种指标目标集。如某大学硕士研究生录取分数线：思想政治、外语、数学和专业课分别高于 62 分、55 分、60 分和 64 分，总分不低于 290 分。设思想政治、外语、数学和专业课分数分别为 x、y、z、w，则该大学硕士研究生录取分数的目标集可解析方程式表示为：$62 \leqslant x \leqslant 100, 55 \leqslant y \leqslant 100, 60 \leqslant z \leqslant 100, 64 \leqslant w \leqslant 100, 290 \leqslant x + y + z + w \leqslant 400$。

复杂问题的目标集往往无法直接用解析形式表示，只能通过近似探索的手段获取。例如，图 3.10 是通过仿真实验得到的某型地空导弹武器系统的作战能力指标目标集，其指标目标集无法直接用解析方程式进行描述。

3.5.3 单调与非单调的

单调型目标集是指对于准则向量空间中任意两个准则向量 α 和 β，当向量 $\alpha \succ \beta$（α 每维都优于 β），若向量 β 在目标集内，则 α 必定在目标集内；若 α 不在目标集内，则 β 必定不在目标集内，那么称该目标集是单调的。对于决策准则，单调性是普遍存在的。例如，对于录取考分的目标集，如果甲每门课都高于乙，且乙被录取了，那么甲肯定录取。或者说，如果甲没有被录取，那么乙肯定也没被录取。这种目标集的单调性就是源于准则的单调性。

非单调目标集是指不满足上述条件的目标集，在实际决策当中比较少见，但也有个别存在的情形，例如对运动队对人的身高需求，并不是越高越好。在实际问题中，尽管也存在非单调的目标集，但往往很多可以通过一定的变换把非单调的转换成单调的。

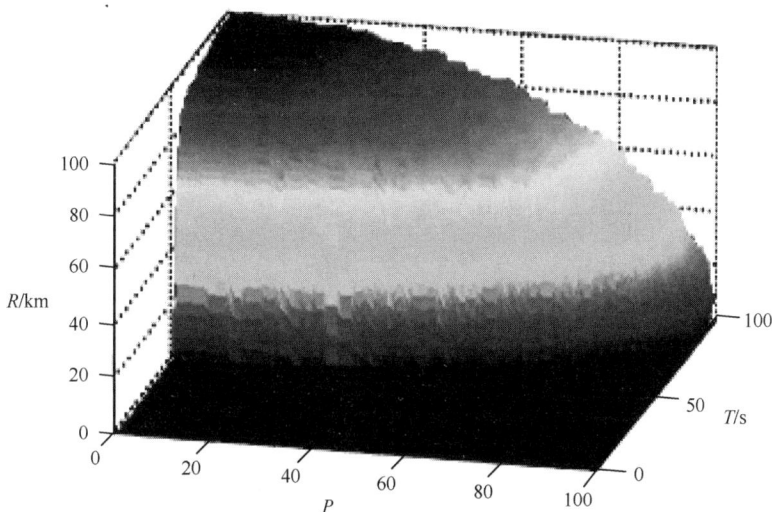

图 3.10　不可解析的目标集示意图

3.5.4　客观型与主观型

有些问题可以借助测量、计算、实验等手段来确定指标取值与需求之间的量化关系，从而获得相应的目标集，通过这种方式得到的目标集称为客观目标集。如图 3.10 中的地空导弹武器系统作战能力目标集是通过仿真实验得到的客观目标集。

主观型目标集，是指需求由决策者主观确定。通常由决策者直接划定，或者通过交互式心理测试的手段获取主观的目标集。有些主观目标集也是通过多个专家集成研讨的手段获取。主观型目标集通常需要一个信度函数来刻画主观确定程度。

3.5.5　固定型与可变型

有些评估论证问题目标集往往根据外部环境的变化而变化，当很难找到符合需求的方案时，往往会降低需求，当很容易找到满意方案时，又往往会提高需求。目标集受可选方案影响很大。在主观评估论证问题中，目标集往往具有更大的可变性。另外，有时目标集也完全由方案的属性来确定，例如普通高等学校招生，各个学校的录取分数线完全由录取数量以及考生的考试成绩来定。录取分数线可以当成目标集，考生的考试成绩可以理解为方案的属性，目标集由方案属性取值来确定，是可变目标集。然而，严格的战斗机飞行学校招生的目标集不受招生对象影响，若达不到要求宁可一个人也不招，这是固定目标集。

3.5.6 分明型与非分明型

确定型是指在准则或指标空间中，需求区域（目标集）与非需求区域是简单分隔的，也就是一个分明集。可以理解为在准则空间中每一个准则向量要么属于目标集，要么不属于目标集。例如，某考生报考某大学的硕士研究生，其录取分数目标集是确定的，考生要么是分数在目标集内而被录取，要么是分数不在目标集内被淘汰，不存在既可录又可不录的状态。这类目标集是最为简单的类型。

有些实际复杂问题，目标集的边界很难严格界定，存在着非分明性，这种非分明性可以分成程度、频度（概率）、信度 3 类。第一类是程度型的非分明性。程度是指目标集中每个点符合目标的程度的标度。例如，对于企业的盈利目标，假设目标值是 10000，对于盈利为 8000 这一点，其不符合目标，程度为 0.8。严格地说，只要程度不是 1，则该点即不符合目标需求。然而，许多实际评估论证问题，为了对方案有一定的区分度，引入了程度这一个量，可以区分都没有达到目标需求时，各个方案距目标需求的差距值，为后续评估分析优化提供依据。实际问题目标程度的计算比较复杂，各个问题通常有不同的计算方法，具体问题具体分析。

第二类是频度概率型的非分明性。也就是说，目标集是随机变化的，无法用固定的集合来刻画。例如，对于某型防空导弹，其 3 个关键指标的目标集和面临的威胁紧密相关，图 3.11（a）阴影部分表示如果敌方进攻的是 A 型机，要达到作战任务目标时 3 个关键指标的目标集，图 3.11（b）阴影部分表示如果敌方进攻的 B 型机，要达到作战任务目标时 3 个关键指标的目标集。由于我们预先不确定敌方哪型机将要发动进攻，只能根据以往经验，给定了概率值。例如，A 型机进攻的概率是 0.7，B 型机的概率是 0.3。很显然，这样导出概率型目标集，两类目标集相交的部分，如图 3.11（c）阴影区域，是以概率 1 满足目标需求的，只在图 3.11（a）中的阴影部分，而不在图 3.11（b）中阴影部分的，是以概率 0.7 满足需求，其他同理。这样，准则指标空间中每个向量点都有一个满足需求的概率值。

第三类是信度非分明型。这一类型非分明目标集，实质上从客观上讲是目标集是分明确定的，但又无法得出分明的边界。例如，对于上述防空导弹的指标目标集，我们无法精确地确知目标集，这样目标集中的指标向量点应具有一个信度值，很显然目标集边界是不分明与粗糙的。如图 3.12 所示。

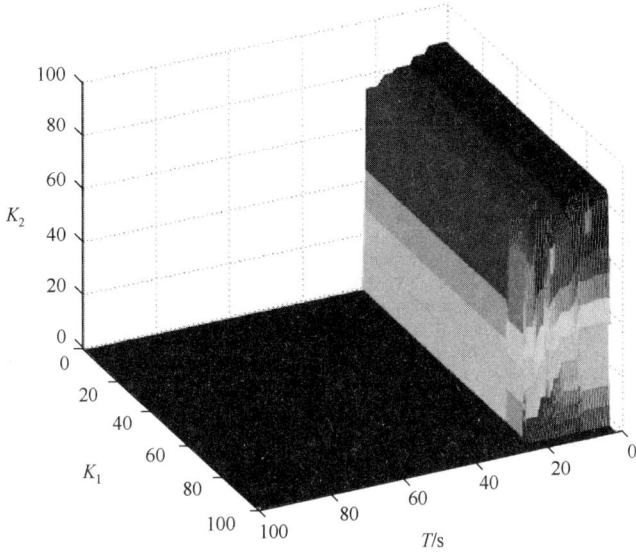

(a) 敌方A型机进攻时

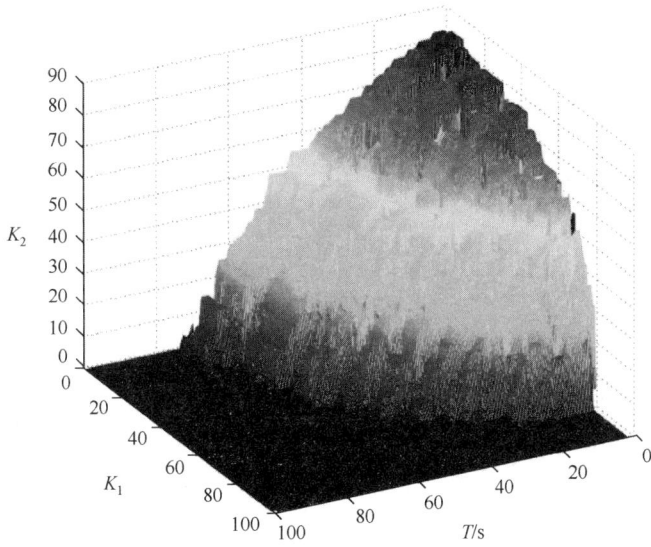

(b) 敌方B型机进攻时

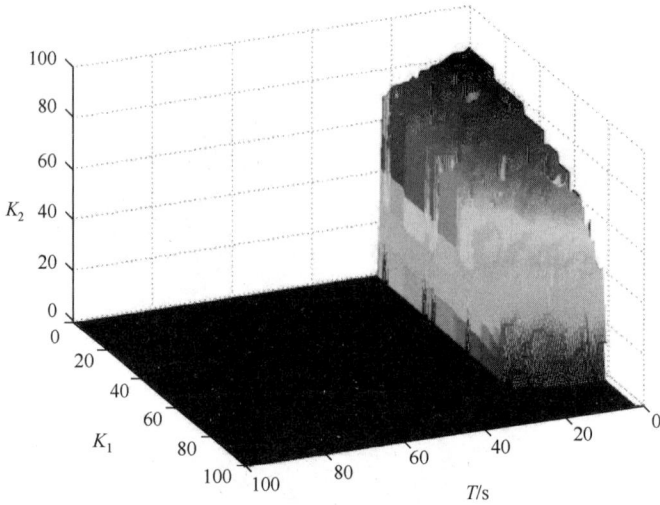

(c) 两个目标集的交集区域

图 3.11　我方导弹的 3 个关键性能指标目标集

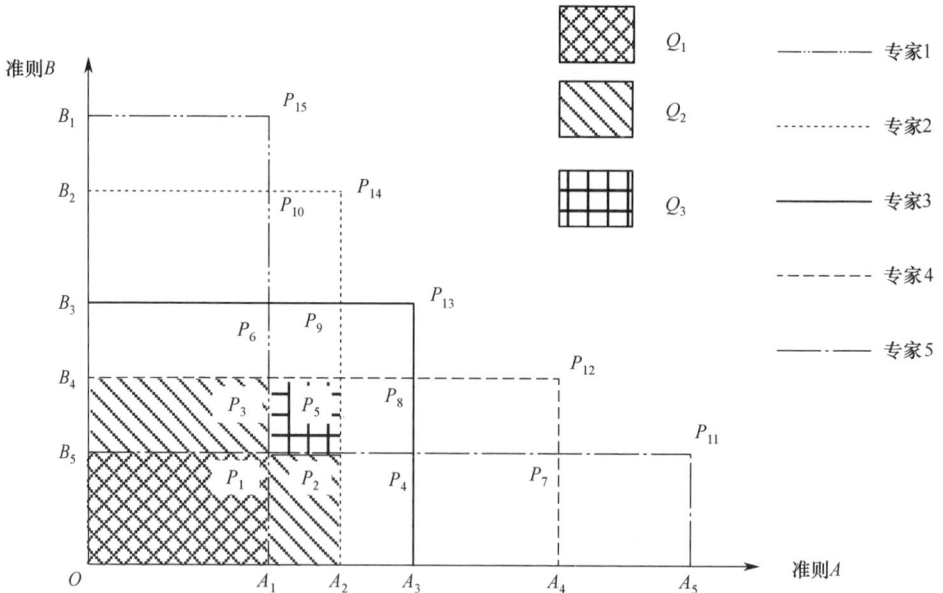

图 3.12　目标集中各点有不同需求信度

如图 3.12 所示，有 5 名专家对准则 A 与准则 B 的取值范围提出目标需求[①]。

———————————

① 在此用专家一致的认可度比例作为满足目标需求的信度。

例如，矩形 $OB_1P_{15}A_1$ 是专家 1 对准则 A 与准则 B 的目标需求范围，其他同理。很显然，准则 A 与 B 构成的准则空间中，有些准则向量点是满足所有专家，有的是满足其中部分专家的，因此构成的目标集中每个准则向量点的需求信度不同，如图 3.12 中不同的阴影部分所示。

实际复杂问题，通常都是复杂型目标集。分明集是一种理想化的描述方式，适合于可以简化处理的一类问题。

上面列举了程度、频度、信度 3 个度量来刻画目标集，本质上讲程度量本身是确定性的，可以严格确定某点符合目标的程度值。频度与信度在本质上是刻画不确定性的。也可以结合程度、频度、信度来综合刻画目标集，例如，不同的程度具有不同的信度与频度。

目标集有多种分类方式，实际问题的目标集是复杂多样的，生成与运用目标集解决实际评估论证问题的手段也是多样化的，第 4 章将探讨如何生成各种类型目标集的具体方法。

第4章 目标集的生成方法

探索性目标分析最终要生成可测定的目标集结构。只有生成了目标集，才是真正地确定了目标，才能基于目标分析实现后续评估论证工作。目标集的生成是探索性评估论证方法体系的核心内容。本章针对多种类型的目标集，提出了相应的生成方法。

4.1 基本定义

实际问题的目标集可分为确定型与不确定型。本章基于此划分，分别探讨分明型与不分明型目标集的生成方法。首先定义指标（准则与属性的统称，后文统一用指标表示准则与属性）向量空间：

定义 4.1 指标向量空间 A：令 A_i 是第 i 个指标，实际取值范围可以通过转换令其取值域为 $[0,V_i]$，那么 A 可以表示为 $A = [0,V_1] \times [0,V_2] \times \cdots \times [0,V_n]$。

指标向量空间即是评估论证对象的指标合成的一个欧几里得空间结构，目标集即指标向量空间中满足目标需求的有效点集。

定义 4.2 目标集 $\boldsymbol{\Omega}$，$\boldsymbol{\Omega} \subset A$，$\boldsymbol{\Omega}$ 分为分明集与非分明集两大类。其中分明集是可以明确确定集合边界的集合形式，即可以明确地判断指标向量空间任何一点是否满足目标需求。非分明集中并不是 A 中任何一个点都可以明确地表示属于 $\boldsymbol{\Omega}$。

任意 $\boldsymbol{X} \in A$，对于分明集可以表示为

$$\begin{cases} I(\boldsymbol{X}) = 0 & (\boldsymbol{X} \notin \boldsymbol{\Omega}) \\ I(\boldsymbol{X}) = 1 & (\boldsymbol{X} \in \boldsymbol{\Omega}) \end{cases}$$

式中：$I(\boldsymbol{X})$ 为示性函数，表示对于非分明目标集可以用以下形式表示。

（1）程度型。

$$\begin{cases} E(\boldsymbol{X}) = 0 & (\boldsymbol{X} \notin \boldsymbol{\Omega}) \\ E(\boldsymbol{X}) \in [0,1] & (\boldsymbol{X} \in \boldsymbol{\Omega}) \end{cases}$$

式中：$E(\boldsymbol{X})$ 为向量点 $\boldsymbol{X}$ 属于目标集 $\boldsymbol{\Omega}$ 的程度值。

（2）频度型。

$$\begin{cases} P(\boldsymbol{X}) = 0 & (\boldsymbol{X} \notin \boldsymbol{\Omega}) \\ P(\boldsymbol{X}) \in [0,1] & (\boldsymbol{X} \in \boldsymbol{\Omega}) \end{cases}$$

式中：$P(\boldsymbol{X})$ 为向量点 $\boldsymbol{X}$ 属于目标集 $\boldsymbol{\Omega}$ 的概率值。

（3）信度型。

$$\begin{cases} B(\boldsymbol{X}) = 0 & (\boldsymbol{X} \notin \boldsymbol{\Omega}) \\ B(\boldsymbol{X}) \in [0,1] & (\boldsymbol{X} \in \boldsymbol{\Omega}) \end{cases}$$

式中：$B(\boldsymbol{X})$ 为向量点 $\boldsymbol{X}$ 属于目标集 $\boldsymbol{\Omega}$ 的信度值。

定义 4.3　单调目标集 $\widehat{\boldsymbol{\Omega}}$，在指标向量空间 A 上定义一个序类 "$\succeq$"，任意 $\boldsymbol{X}_1, \boldsymbol{X}_2 \in A$，如果 $\boldsymbol{X}_1 \succeq \boldsymbol{X}_2$（可理解为 $\boldsymbol{X}_1$ 优于或等于 $\boldsymbol{X}_2$），则上述函数 $I(\boldsymbol{X}_1) \geqslant I(\boldsymbol{X}_2)$，$E(\boldsymbol{X}_1) \geqslant E(\boldsymbol{X}_2)$，$P(\boldsymbol{X}_1) \geqslant P(\boldsymbol{X}_2)$，$B(\boldsymbol{X}_1) \geqslant B(\boldsymbol{X}_2)$，则称 $\widehat{\boldsymbol{\Omega}}$ 为单调目标集。为了表示方便，实际问题可以通过变换成在指标向量空间中的单调减的目标集，表示为 $\boldsymbol{\Omega}^-$，即如果 $\boldsymbol{X}_1 \leqslant \boldsymbol{X}_2$，则 $I(\boldsymbol{X}_1) \geqslant I(\boldsymbol{X}_2)$ 或 $E(\boldsymbol{X}_1) \geqslant E(\boldsymbol{X}_2)$ 或 $P(\boldsymbol{X}_1) \geqslant P(\boldsymbol{X}_2)$ 或 $B(\boldsymbol{X}_1) \geqslant B(\boldsymbol{X}_2)$。

本书后续章节中单调目标集都是指变换后的单调减目标集。

针对实际问题，如何获取目标集是整个评估论证的关键，只有获取了目标集，才是真正完成了目标分析，为后续评估论证确定了准绳，奠定了依据。但是，获取目标集也是一项艰难的工作，下面探讨各类目标集一些生成方法，这些方法也是在不断发展中，需要不断深入研究，以提高计算效率与计算精度。

4.2　分明型目标集生成方法

分明型目标集是目标集中最基本、最鲜明的形式，许多复杂实际问题完全可以用近似的分明型目标集来表示，并基于此进行评估论证。因此，应首先从分明型目标集的研究开始。因为可解析的分明集生成较为容易，也和具体问题直接相关，不存在一般性的方法。绝大多数实际复杂问题的目标集是不可解析的，往往通过探索实验、交互判断或者基于一些数值模型来获取。本节研究的目标集，也是指不可解析、固定型的分明集。

从 4.1 节定义上看，分明型需求集关键是确定示性函数 $I(\boldsymbol{X})$，即任意给出 $\boldsymbol{X} \in A$，可以判断其是否在目标集内。实际复杂问题尽管无法获取 $I(\boldsymbol{X})$ 的解析形式，但可以通过探索实验、交互判断以及一些数值形式的模型来判断 $\boldsymbol{X}$ 是否在目标集内。下面分别从单调型与非单调型两种形式来探讨目标集的生成。

4.2.1 面向单调型目标集生成的多维二分探索算法

单调型目标集在实际当中是最为广泛存在的，很多实际问题的需求都是单向的，例如，对于某战斗机，在一定范围内，其作战性能的需求都是单向的。很显然，目标集也是单调型的。对于单调型目标集本节提出了一种快速探索生成算法，该算数基于一种判断机制 $I(X)$ [①]，采用多维二分查找算法[②]机制获取目标集，最后用超盒或拟合的支持向量机模型来表示与存储需求集。下面先介绍几个定义。

定义 4.4 最小外包超盒。目标集中各个指标取值的上下确界的笛卡儿积，即 $[0,V_1']\times[0,V_2']\times\cdots\times[0,V_n'](V_i'\leqslant V_i)$。（如定义 4.1，$[0,V_i]$ 是各个指标变换后的有效值域）。

例如，假设 x,y 是两维指标，满足式 $x^2+y^2\leqslant 4(x\geqslant 0,y\geqslant 0)$ 的点集为目标需求集，如图 4.1 所示，则区域 $[0,2]\times[0,2]$ 就是最小外包超盒。最小外包超盒内任一点不一定在目标集内，但是最小外包超盒外的任意一点确定都不在目标集内。

定义 4.5 最大等分内接超盒及对角超盒。设 $[0,V_1']\times[0,V_2']\times\cdots\times[0,V_n']$ 为最小外包超盒。取比例系数 $K\in[0,1]$，令 $\boldsymbol{\omega}=[0,KV_1']\times[0,KV_2']\times\cdots\times[0,KV_n'],\boldsymbol{\omega}\subseteq\boldsymbol{\Omega}$，并且对 $\forall K'>K$，$[0,K'V_1']\times[0,K'V_2']\times\cdots\times[0,K'V_n']\not\subset\boldsymbol{\Omega}$，则定义 $\boldsymbol{\omega}$ 为最大等分内接超盒。定义 $\overline{\boldsymbol{\omega}}=(KV_1',V_1']\times(KV_2',V_2']\times\cdots\times(KV_n',V_n']$ 为对角超盒，如图 4.1 所示。

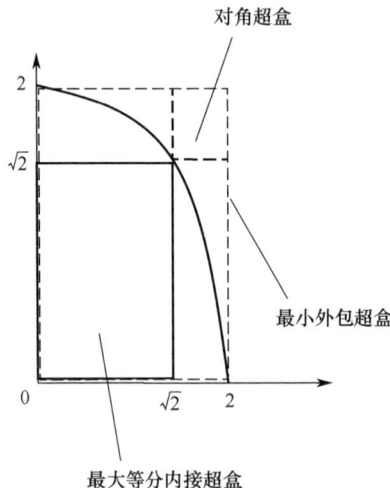

图 4.1　各类超盒

---

① 该判断机制通常是数值模型，实验模型，人机交互判断等。
② 附录一中有该算法的详细介绍。

上面定义中等分是指用相同的 K 等比分割各个指标，例如对于 $x^2 + y^2 \leqslant 4(x \geqslant 0, y \geqslant 0)$；区域 $[0,2] \times [0,2]$ 是最小外包超盒，而 $[0,\sqrt{2}] \times [0,\sqrt{2}]$ 是最大等分内接超盒，$(\sqrt{2},2] \times (\sqrt{2},2]$ 为其对角超盒。其中 $K = \dfrac{\sqrt{2}}{2}$。

定理 4.1　最大等分内接超盒的对角超盒中的任一点都不符合目标需求约束条件，即不在目标集内。定理的证明见附录一。

1. 算法基本步骤

本算法以递归的方式利用最大等分内接超盒按任意精度来逼近目标集。其基本步骤如下：

步骤 1　先求出相应的最小外包超盒。其求解方法如下：

步骤 1.1　令 $k=1$。

步骤 1.2　把除第 k 个之外所有指标值取 0（最小值）。根据 $I(X)$ 的单调性，可用二分法求出第 k 个指标的上确界，它相当于其他指标为最优值时，第 k 个指标能取的最差值。

步骤 1.3　如果 $k=n$（n 是所有指标的总数），各个指标求出的新的区间的笛卡儿积就是最小外包超盒，退出转步骤 2。否则 $k=k+1$，转步骤 1.2。

步骤 2　求最大等分内接超盒。

步骤 2.1　判断最小外包超盒的体积（各个区间长度的乘积，由于量纲不一样要进行归一化）是否小于某一精度值 E。如果小于则进行适当插值，然后退出。另外，对于某一个分量已小于最小分辨值时，则此分量无须再分解，因此达到降维的目的。

步骤 2.2　根据 $I(X)$ 单调性，当 $K_1 \geqslant K_2$，$(K_1V_1', K_1V_2' \cdots K_1V_n') \geqslant (K_2V_1', K_2V_2' \cdots K_2V_n')$ 时，$I(K_1V_1', K_1V_2' \cdots K_1V_n') \leqslant I(K_2V_1', K_2V_2' \cdots K_2V_n')$，则同样可用二分法（也可应用其他的快速逼近方法）试探取值求出 K（最小外包超盒分割比例系数），从而得到最大等分内接超盒。

步骤 2.3　最大等分内接超盒的分割比例系数 K 可以把每个指标的在最小外包超盒内的区间分成属于最大等分内接超盒和不属于最大等分内接超盒的两部分。把属于最大等分内接超盒部分记为"0"，不属于最大等分内接超盒部分记为"1"。这样就存在 2^n（n 为所有指标的总数）个区间组合，依次对应于 $0 \sim 2^n - 1$ 的二进制数。第 0 个，就是已求出的最大等分内接超盒，其中任何一个元素都符合系统需求约束，无须再分。而第 $2^n - 1$ 个即是相应对角超盒。根据定理 4.1，其中任何一个元素都不符合系统需求约束，因此去掉。对剩下的第 1 个到 $2^n - 2$ 个区间组合，依次作为新的最小外包超盒，递归调用步骤 2。最后所有最大等分内接超盒的并集就是系统的单调目标集。

算法首先采用数值逼近的方法，逼近整个目标集，在无法确定 $I(X)$ 解析形式的背景条件下，可以高效率、较为准确地获取目标集。其次，算法通过使用规则的超盒来逼近不规则的目标集也为后续的分析计算（例如，在目标集上进行积分运算，对目标集进行集合运算等）奠定了基础，其类似于有限元方法。第三，算法还具有自适应性，它能够根据目标集的形状，以确定逼近超盒的疏密，通常在曲率大的（变化剧烈）地方其超盒数多，反之则少。第四，算法输出的结果是一个堆结构，也是一个优良索引数据结构，大盒套小盒，这样为后续相关计算带来了极大的方便。

下面用一个简单的例子描述算法的基本思想，如图 4.2 所示。假设目标集是 $x^2 + y^2 \leqslant r^2; x \geqslant 0; y \geqslant 0$ 。图中虚线边矩形代表最小外包超盒（二维超盒就是矩形），实线矩形表示最大等分内接超盒，用二分法求出相应的交点（对于连续变量，只求出近似值），并得出最大等分内接超盒，然后去掉对角超盒，从图中看是显然的，定理 4.1 作了严格证明。再进一步分解，生成新的最小外包超盒组，这样递归调用，所有生成的最大等分内接超盒的并集就可逼近整个目标集（圆的正轴部分）。

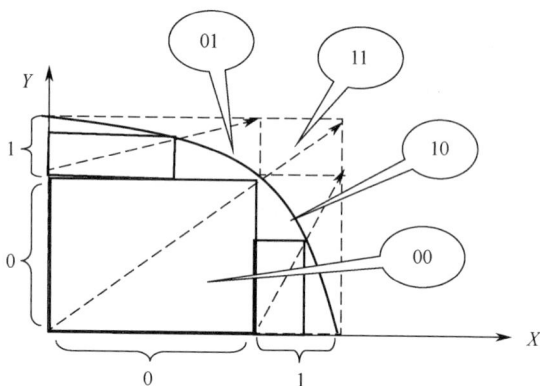

图 4.2　超盒逼近法求部分圆示意图

2. 算法的改进

1）运用支持向量机模型提高计算效率

生成目标集的计算量相当大，尤其与递归搜索深度相关（呈指数关系），如果递归深度不够将难以保证生成的目标集的精确性。如果层数太多将带来巨大的计算量。如何以较少的递归层数得出满意精度的目标集是一个重要问题。

支持向量机模型是近些年来出现的一种新的建模技术。其主要在一些基本抽样点的基础上，利用超平面最优化分割的方法实现分类。关于支持向量机的基本原理可以参看相关文献。这种技术可用于在高维指标空间中以相对较少的数据量，较为准确地获取目标集。如何在多维指标空间中把能力点分割成符合需求与不符合需求的两部分，对于高维指标空间需求的获取，具有很重大的实际意义。

　　上述目标集生成算法也能够按所要求的精度得出目标集的支持向量点。如图 4.3 所示，在生成目标集的过程中，沿最小外包超盒对角线二分查找时，可以保留一定距离要求的点对，一个点在目标集内，一个在外面。把这些点作为支持向量机的学习样本，这样可以生成目标集分割超面。支持向量机具有较好的泛化能力，因此可以较少的递归层数生成学习的支持向量点，极大的减少了计算量。

　　用支持向量机模型生成的目标集的缺点是，其不能以规则的超盒并的形式来表征目标集，不利于后续的某些运算。但是，它仍然是计算量较大的多维目标集生成的重要方法。

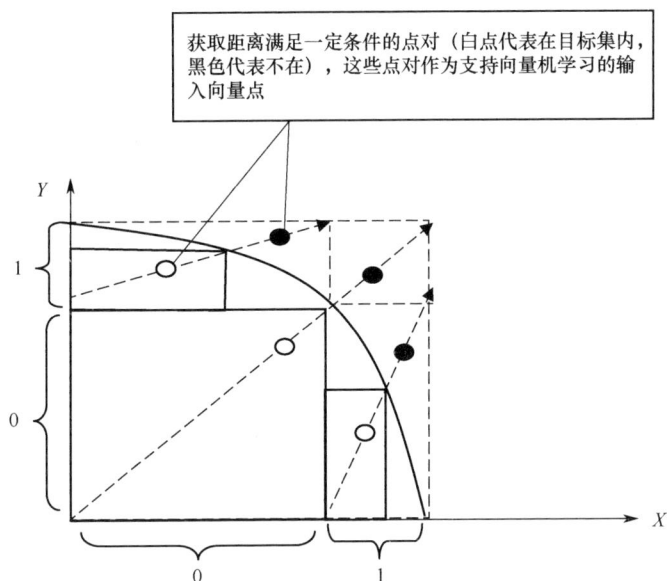

图 4.3　获取支持点的示意图

2）超盒的合并

　　在算法步骤 3.3 中，每一个最小外包超盒可以分解成 2^n-2 子最小外包超盒。这样随着递归深度的增加，将会以指数增长速度产生大量的新最小外包超盒，因此算法时间复杂度也是指数级的。如果采用有效的合并方法，则可以大大减少新生成超盒的数量。图 4.4 示意地描述了当空间维度是三维时的一个合并过程。图 4.5 用组合代码的方式描述了四维空间合并方式，对于更高维的空间，合并方式同理。可以证明[1]，算法每次新生成的 2^n-2 子最小外包超盒可以合并成 2^n-2 个，这样算法

---

① 参见附录一中的证明。

的时间复杂度由指数级减小到多项式级。

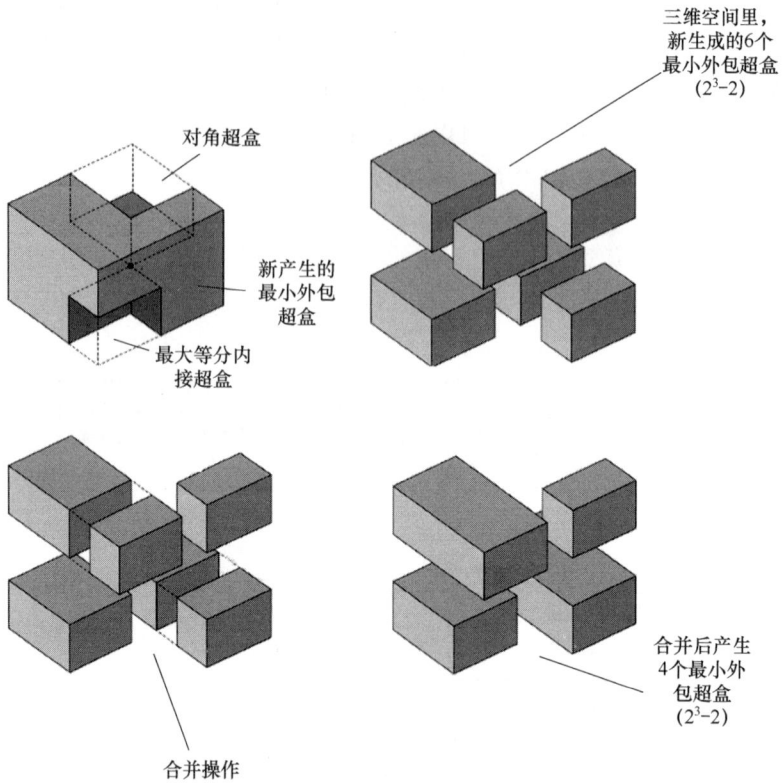

图 4.4　三维超盒的合并示意图

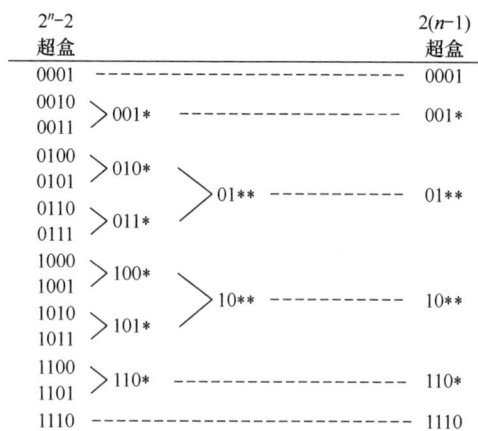

图 4.5　四维空间中超盒合并示意

4.2.2 非单调型目标集的生成：递归分解法

对于非单调型目标集，采用的求解策略也是分而治之的基本手段。采用逐步细化，动态探索与剪枝的策略来生成目标集。算法实现基本步骤如下：

步骤 1 分割指标空间，每一维分成 k 段（第一步通常 k 取一个较小的值），这样 n 维指标空间中有 k^n 个超盒。

步骤 2 探索计算每个超盒的中心点是否符合需求，如果该超盒中心点与相邻的超盒中心点都是不符合目标需求，则删掉该超盒。如果其与相邻（这里相邻是指至少有共同的一条边）的超盒都是符合目标需求，则该超盒所代表的区域全部符合目标，保留存储。如果不满足上述条件，则继续按步骤 1 中的分解方法继续等距分解，然后递归调用步骤 2，直到超盒体积小于一定的阈值 E（同 4.2.1 节单调型目标集中的阈值 E）。

步骤 3 把步骤 2 中所有保留存储的超盒并起来则为目标集。

下面用一个简单二维示例来解释算法的执行过程，如图 4.6 所示。

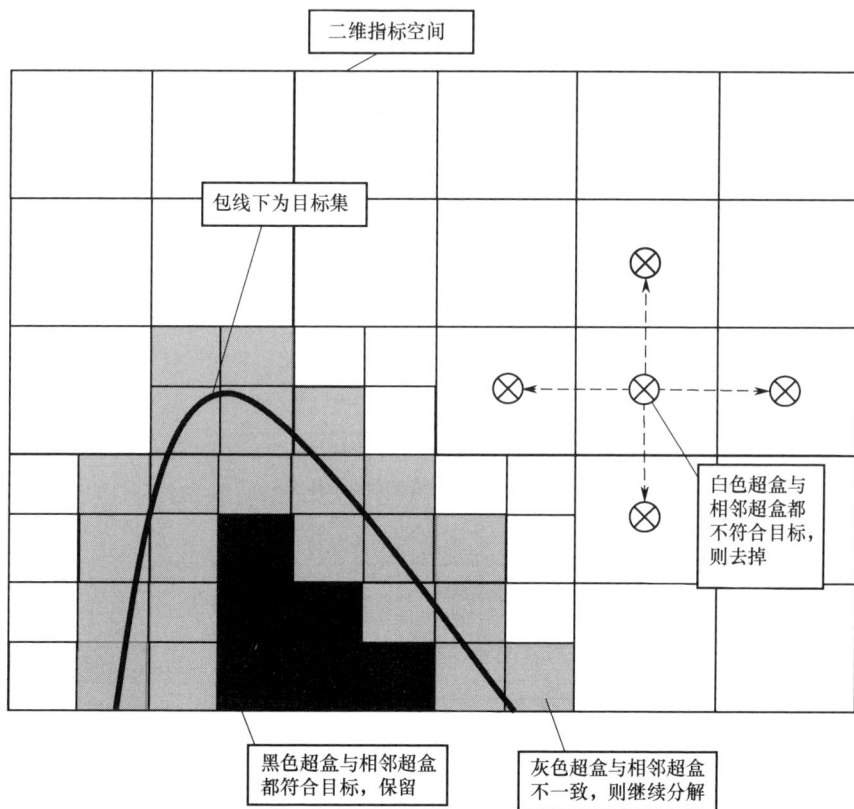

图 4.6 生成非单调目标集示意图

57

假设二维指标空间目标集在图中包线之内，第一步把该指标空间分解成 $5 \times 5 = 25$ 个超盒结构（二维超盒即是矩形），判断每个超盒的中心点是否符合目标需求，如果某个超盒与相邻（这里相邻是指至少有共同的一条边）的超盒都不符合目标需求，则该超盒去掉（如图 4.6 中的白色超盒），否则继续分解。如果与相邻的超盒都符合目标需求，则也无需分解，直接保留。

4.3 非分明目标集的生成方法

前面探讨的目标集属于分明集合，即可以明确地确定任何一个点是否在目标集内。而有些复杂问题的目标集，并不能完全确定判断某个点是否在目标集中，有一定的不确定性。通常分为程度、信度、频度等不确定性，也即基于这 3 类不确定性目标集。

对于分明型目标集，采用的是高效动态探索的方式，即根据已探索的点的结果，动态灵活地确定下一步探索的点，迭代获取目标集。非分明型目标集的生成较为困难，方法通常采用静态探索实验分析方法。首先按照相应的实验抽样设计方法，如正交、拉丁方、均匀等抽样填充设计方法，获取有代表性的抽样点，进行程度、信度与频度分析；然后通过数据分析工具近似拟合出非分明目标集中的程度 $E(X)$、信度 $B(X)$ 与频度 $P(X)$ 函数，确定了这些函数形式，也即确定了目标集。这是通过有限抽样，回归拟合生成的目标集，当然精度上比分明集要差很多。下面通过几个示例来说明非分明型目标集的生成方法。

方法流程图如图 4.7 所示。

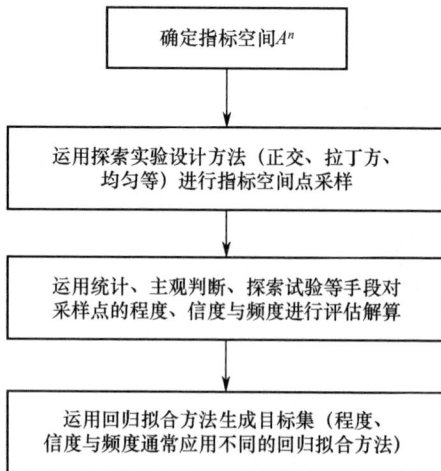

图 4.7　非分明型目标集探索生成方法

上述流程是一般性框架。对于具体问题还应具体分析，选择适合的模型与工具手段，从而有效解决实际问题。下面，以具体实例的形式介绍如何运用上述手段生成基于程度、信度与频度的目标集。

4.3.1　示例一　面向程度型目标集的生成实例：企业创新程度目标等级的确定

本示例探讨企业创新目标需求集的生成问题。创新是企业的灵魂，没有创新的企业是无法立足的。创新程度是一种无形之物，很难直接测量的，但创新程度是有序类的量，可以用多种手段刻画等级[①]，可以运用分解手段，把创新分解成可测、可估计、可对照的有形指标，再运用综合探索手段生成程度型的目标集，并用来刻画企业的创新目标需求。

本示例是某企业采用了一种创新方法后效果的评价指标体系，这套指标体系包含 5 个一级指标和 19 个二级指标[②]，如表 4.1 所列。

表 4.1　创新程度指标体系

一级指标 A	二级指标 B	指标说明
技术产出 A_1	专利申请数量增长率 B_1	包括国际和国内专利，以该年实际申请数为准
	专利授权数量增长率 B_2	包括国际和国内专利，以该年实际授权数为准
	发明专利所占比例 B_3	发明专利授权数量/专利授权总数×100%
	新产品增长率 B_4	该年度推出的新产品，含同一系列产品的升级版
经济产出 A_2	新产品销售收入增长率 B_5	新产品销售收入/公司销售总收入×100%
	新产品利润占企业总利润比例 B_6	新产品利润/公司总利润×100%
	新技术转让收入增长率 B_7	将新技术转让给其他机构获得的收入，含技术及相关服务
	成本节约额 $B8$	采用新技术、新工艺、新材料后节约的成本
创新效率 A_3	项目平均研发周期缩短率 B_9	研发项目从立项到结束的平均时长
	研发人员人均专利数量增长率 B_{10}	专利授权数量/研发人员数量
	科研成果转化率 B_{11}	转化为商品的研发成果数量/研发成果总数×100%
创新潜力 A_4	创新方法专家数量增长率 B_{12}	创新方法专家的数量增长
	创新项目增长率 B_{13}	包括企业内部的创新项目和承担国家、省级科研项目的数量
	研发经费增长率 B_{14}	包括企业内部的研发投入和承担国家、省级科研项目的经费

（总体创新目标程度等级）

[①] 有序类的量，不一定是连续指数值，但可以根据实际问题灵活地确定等级。

[②] 徐淑琴. 企业应用创新方法成效的模糊综合评估模型及实证分析[J]. 科技管理研究，2016（6）.

（续）

	一级指标 A	二级指标 B	指标说明
总体创新目标程度等级	创新潜力 A_4	对外科技合作水平的提升 B_{15}	等级指标，包括行业共性、关键性技术的合作交流等方面采用 1～5 等级量表
	创新管理水平 A_5	科学制定创新战略 B_{16}	等级指标，包括创新理念的先进性，创新在企业文化中的重要性等，采用 1～5 等级量表
		合理选择创新模式 B_{17}	等级指标，创新模式的合理性，采用 1～5 等级量表
		有效运行创新机制 B_{18}	等级指标，创新机制的有效性，包括创新方法应用流程的固化等方面，采用 1～5 等级量表
		专利战略管理水平提升 B_{19}	等级指标，包括信息采集和创新预测水平、专利技术与市场预见能力等，采用 1～5 等级量表

总体创新目标可以分解为若干程度等级，每一个等级抽象地代表了创新总体水平。尽管每一个等级属于抽象总体的表述，但每一个等级是有客观对象作为基础的，即每一个等级对应着相应的标杆企业对象作为参考。然而企业的总体创新等级是无法直接测量的，所以要通过分解的方式把创新程度逐级分解为可测、可估、可对照的具体指标上。指标通常分层构建，本质上是一种张量模式。其中一级指标是通过技术产出、经济产出、创新效率、创新潜力、创新管理水平等 5 个维度，这 5 个维度可以分成若干等级，每个等级代表的一种综合水平，每个等级都是有实际对象参照的，是客观型，不是每个评估者自身的感觉确定的。同时这 5 个维度可以继续分解成直接可测与可估的二级指标，二级指标不同的取值决定了一级指标的等级。那么如何通过二级指标的取值确定一级指标等级，如何通过一级指标等级值确定总目标创新程度等级？这通常采用机器学习的分类的方法实现（或者称有监督的学习），这需要大量的实际数据样本，而实际当中往往获取不了这么多样本。这样，可以求助于相关的专家的经验感知与抽象归纳能力，通过主观判断实现各层指标的关联，这也是探索性评估论证方法的一种重要手段。

本示例以其中一个片断（技术产出这一程度型子目标集生成）为例，选择相应的二级指标：专利申请数量增长率（B_1）、专利授权数量增长率（B_2）、发明专利所占比例（B_3）、新产品增长率（B_4）为因子，专家先定性判断 B_1、B_2、B_3 与 B_4 都具有非线性效应，且 B_1 与 B_2，以及 B_3 与 B_4 有交互作用，在此基础上，进行定制实验抽样得到多组数据，然后由专家对每个组合数据得到的技术产出等级进行判断，给出等级，见表 4.2 定制实验数据表。

表 4.2　定制实验数据

定制实验样本	专利申请数量增长率 B_1	专利授权数量增长率 B_2	发明专利所占比例 B_3	新产品增长率 B_4	专家综合估计的技术产出 A_1 的程度等级
1	0.13	0.03	0.25	0.2	4
2	0.08	0.07	0.15	0.2	3
3	0.02	0.03	0.15	0.1	2
4	0.08	0.07	0.25	0.3	4
5	0.13	0.07	0.05	0.3	4
6	0.08	0.03	0.25	0.1	3
7	0.13	0.03	0.15	0.3	3
8	0.13	0.11	0.15	0.2	4
9	0.02	0.07	0.25	0.1	3
10	0.05	0.11	0.05	0.3	3
11	0.02	0.03	0.05	0.3	2
12	0.13	0.11	0.25	0.3	5
13	0.02	0.11	0.15	0.3	3
14	0.08	0.11	0.05	0.1	2
15	0.02	0.03	0.25	0.3	3
16	0.02	0.03	0.05	0.2	1
17	0.02	0.07	0.05	0.1	1
18	0.13	0.11	0.25	0.1	4
19	0.02	0.11	0.25	0.2	3
20	0.13	0.03	0.05	0.1	2

　　得到响应 A_1 与因子 B_1、B_2、B_3、B_4 之间的映射关系后，应用多项式拟合得到其表达式。多项式回归结果如图 4.8 所示，R^2 结果比较满意，回归效果较好，说明该式能较好地根据 B_1、B_2、B_3、B_4 具体取值来判定 A_1 程度等级值。

　　技术产出指标等级表达式如下：

$A_1 = E_{A_1}(B_1, B_2, B_3, B_4)$

$$= 3 + 0.6 \times (B_1 - 0.075)/0.055 + 0.04 \times ((B_1 - 0.075)/0.055)^2$$

$$+ 0.33 \times (B_2 - 0.07)/0.04 + (-0.22) \times ((B_2 - 0.07)/0.04)^2$$

$$+ 0.66 \times (B_3 - 0.15)/0.1 + 0.02 \times ((B_3 - 0.15)/0.1)^2 + 0.43 \times (B_4 - 0.2)/0.1$$

$$+ 0.09 \times ((B_4 - 0.2)/0.1)^2 + ((B_1 - 0.075)/0.055)) \times ((B_2 - 0.07)/0.04) \times 0.1$$

$$- 0.19 \times ((B_3 - 0.15)/0.1) \times ((B_4 - 0.2)/0.1)$$

　　根据程度函数 E 即可确定技术产出维度的程度型目标集。该目标集用 5 个程度等级来刻画。同理，可以求出另外 4 个一级指标程度函数，然后运用类似的方法生成总的创新程度型目标集。

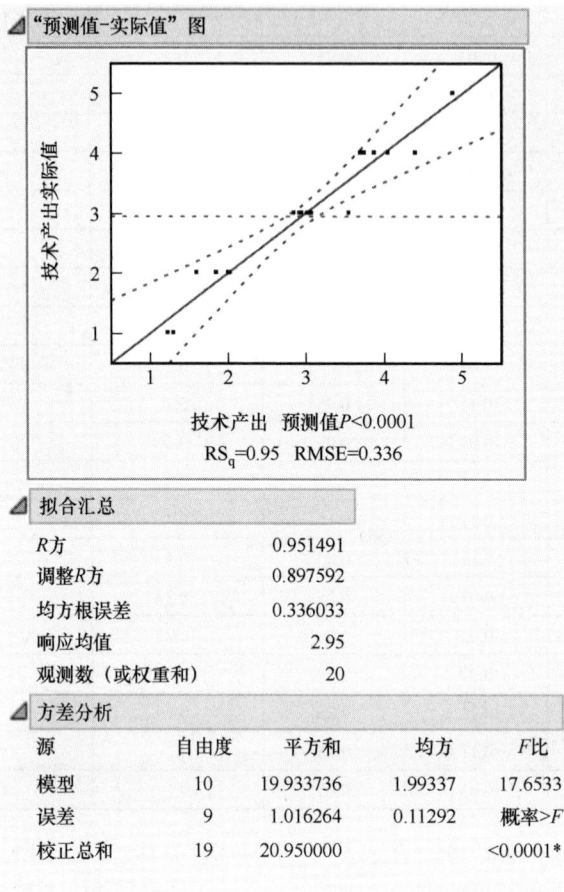

"预测值-实际值"图

技术产出 预测值 $P<0.0001$
$RS_q=0.95$ RMSE=0.336

拟合汇总

R方	0.951491
调整R方	0.897592
均方根误差	0.336033
响应均值	2.95
观测数（或权重和）	20

方差分析

源	自由度	平方和	均方	F比
模型	10	19.933736	1.99337	17.6533
误差	9	1.016264	0.11292	概率>F
校正总和	19	20.950000		<0.0001*

图 4.8 技术产出指标的回归模型

关于信度型的需求集与上述生成方法类似。也是按照以上步骤，只是把程度判断改成信度判断而已。

4.3.2 示例二 商品选择的频度型目标集生成方法

1. 求解原理

频度型目标集也称概率型目标集，是指指标空间中任意一个点，都是以一定的概率满足目标需求的。生成频度型目标集也即生成此空间中的概率函数。很显然，不同的实际问题，频度型目标集也具有不同的形式。本示例主要探讨商品的目标集问题，即商品的相关属性指标空间中各点符合客户目标需求的概率型目标集。

任何商品都具有使用价值属性与代价属性，客户是否选择这一商品，从经济学原理讲，即使用价值属性效用值是否大于代价属性效用值，也就是边际效用是否大于边际成本。使用价值属性与代价属性合成了商品的指标空间。很显然，指标空间中任何一个点，是否符合客户需求是一个概率值（有些客户会选择，有些不会，具有随机性）。基于使用价值属性的效用与基于代价属性的效用都和客户本身的相关属性有关，不同的客户属性（如财产、年纪、职业等）对同样属性的商品是有不同的效用。因此，无论使用价值属性效用函数，还是代价属性效用函数都要包含客户属性。形式化描述如下：

使用价值效用函数通常表示为

$$\mathrm{MU} = U(\boldsymbol{X}, \boldsymbol{M}) + \varepsilon$$

式中：MU 为商品的使用价值；$\boldsymbol{X}$ 为产品的价值指标向量，如某产品的性能、易用性、美观性等；$\boldsymbol{M}$ 为决策者本身的指标向量，表示决策者自身的一些属性，如年龄、性别、收入水平等，显然对于某产品，不同的决策者其价值将会有不同的值；ε 为随机量，通常呈现一定分布形式。不同的人对相同的指标属性也具有不同的价值判断。

确定商品的"使用价值"后，需要考虑决策者购买此商品付出的"代价"。引入代价效用函数 MC，有

$$\mathrm{MC} = C(\boldsymbol{Y}, \boldsymbol{M}) + \xi$$

式中：$C(\boldsymbol{Y}, \boldsymbol{M})$ 为决策者为产品付出的"代价"，$\boldsymbol{Y}$ 为决策问题的代价指标向量，如各类费用、时间成本等，$\boldsymbol{M}$ 为决策者本身的指标向量；代价效用函数具有随机性，因此加入随机量 ξ。

在给出"使用价值"函数与"代价"函数后，应用最大似然获取价值与代价效用函数的相关系数矩阵，从而得到指标空间每一个点的选择概率值，最终获取频度型目标集的概率函数。定义产品的选择概率为

$$P(\mathrm{MU} - \mathrm{MC} > 0)$$

则未选的概率为

$$1 - P(\mathrm{MU} - \mathrm{MC} > 0)$$

令 $\boldsymbol{X} = [x_1, x_2, \cdots, x_p]^{\mathrm{T}}$，$\boldsymbol{Y} = [y_1, y_2, \cdots, y_p]^{\mathrm{T}}$，$\boldsymbol{M} = [m_1, m_2, \cdots, m_q]^{\mathrm{T}}$，$\hat{\boldsymbol{X}} = \begin{pmatrix} \boldsymbol{X} \\ \boldsymbol{M} \\ 1 \end{pmatrix}$，$\hat{\boldsymbol{Y}} = \begin{pmatrix} \boldsymbol{Y} \\ \boldsymbol{M} \\ 1 \end{pmatrix}$。分别用 $\boldsymbol{\Phi}$、$\boldsymbol{\Psi}$ 表示系数矩阵，则"价值"函数与"代价"函数可表示如下：

$$\mathrm{MU} = \hat{\boldsymbol{X}} \boldsymbol{\Phi} \hat{\boldsymbol{X}}^{\mathrm{T}} + \varepsilon$$

$$\text{MC} = \hat{\boldsymbol{Y}}\boldsymbol{\Psi}\hat{\boldsymbol{Y}}^{\text{T}} + \xi$$

则 $P(\text{MU}-\text{MC}>0) = P(\hat{\boldsymbol{X}}\boldsymbol{\Phi}\hat{\boldsymbol{X}}^{\text{T}} + \varepsilon - (\hat{\boldsymbol{Y}}\boldsymbol{\Psi}\hat{\boldsymbol{Y}}^{\text{T}} + \xi) > 0)$，令 ε 分布函数为 $F(\varepsilon)$，相应概率密度函数为 $f(\varepsilon)$，ξ 分布函数为 $H(\xi)$，相应概率密度函数为 $h(\varepsilon)$，进一步，有

$$P(\text{MU}-\text{MC}>0) = \int_{-\infty}^{+\infty}\int_{-\infty}^{\hat{X}\Phi\hat{X}^{\text{T}}-\hat{Y}\Psi\hat{Y}^{\text{T}}+\varepsilon} h(\xi)f(\varepsilon)\mathrm{d}\xi\mathrm{d}\varepsilon = \int_{-\infty}^{+\infty} H(\hat{\boldsymbol{X}}\boldsymbol{\Phi}\hat{\boldsymbol{X}}^{\text{T}} - \hat{\boldsymbol{Y}}\boldsymbol{\Psi}\hat{\boldsymbol{Y}}^{\text{T}} + \varepsilon)f(\varepsilon)\mathrm{d}\varepsilon$$

每类产品的 $\boldsymbol{X}$、$\boldsymbol{Y}$ 都具有不同的值，因此按照上述公式，其也具有相应的选择概率。然后运用最大似然法可以估计 $\boldsymbol{\Phi}$、$\boldsymbol{\Psi}$ 系数矩阵。$\boldsymbol{X}$、$\boldsymbol{Y}$ 构成了产品的指标向量空间，此空间每一个点选择概率为 $P(\text{MU}-\text{MC}>0)$，构成了频度型目标集的概率值函数 P。求解 $\boldsymbol{\Phi}$、$\boldsymbol{\Psi}$ 系数矩阵的最大似然法如下：

对于第 i 类产品，其对应相应的属性为 $\boldsymbol{X}_i,\boldsymbol{Y}_i$，假设选择该产品的人数为 S_{1i}，不选择的人数为 S_{2i}。由于产品之间是相互独立的，所以可以计算得到选择次数的似然函数为

$$F = \prod_{i=1}^{k} P_i^{S_{1i}}(1-P_i)^{S_{2i}}$$

对 F 取对数，有 $\ln F = \sum_{i=1}^{k}(S_{1i}\ln P_i + S_{2i}\ln(1-P_i))$。求解使 $\ln F$ 最大值的 $\boldsymbol{\Phi}$、$\boldsymbol{\Psi}$ 系数矩阵。

2. 一个简化示例：房屋租赁频度型目标集生成

租住的房屋也是一种商品，其有使用价值属性也有代价属性。租客是否愿意租某套房子，也是取决于使用价值效用是否大于代价属性效用。这两种效用函数描述如下：

$$\text{MU} = U(\boldsymbol{X},\boldsymbol{M}) + \varepsilon$$
$$\text{MC} = C(\boldsymbol{Y},\boldsymbol{M}) + \xi$$

式中：$\boldsymbol{X}$ 为房子的指标，如装修程度与生活便利性等；$\boldsymbol{M}$ 为租房者的指标，如月收入，年龄等；$\boldsymbol{Y}$ 为对应于 $\boldsymbol{X}$，租房者付出的代价，如中介费、月租费等；ε，ξ 为随机量。

1）问题分析

考虑房子的两个使用价值属性指标，即装修程度与生活便利性，分别用 x_1、x_2 表示，每个指标分成若干个等级，"代价"函数的两个指标，即房租和中介费分别用 y_1 和 y_2 表示，同样也分成若干个等级。为了问题简化，本示例暂不考虑租房者属性指标 $\boldsymbol{M}$。那么，$\boldsymbol{X}=[x_1,x_2,1]^{\text{T}}$，$\boldsymbol{Y}=[y_1,y_2,1]^{\text{T}}$，$\hat{\boldsymbol{X}}=\boldsymbol{X}$，$\hat{\boldsymbol{Y}}=\boldsymbol{Y}$，则

$$U(\hat{X}) = \hat{X}\boldsymbol{\Phi}\hat{X}^{\mathrm{T}} = \begin{pmatrix} x_1 & x_2 & 1 \end{pmatrix} \begin{pmatrix} \phi_{1,1} & \phi_{1,2} & \phi_{1,3} \\ \phi_{2,1} & \phi_{2,2} & \phi_{2,3} \\ \phi_{3,1} & \phi_{3,2} & \phi_{3,3} \end{pmatrix} \begin{pmatrix} x_1 \\ x_2 \\ 1 \end{pmatrix}$$

$$= \phi_{1,1}x_1^2 + \phi_{1,2}x_1x_2 + \phi_{1,3}x_1 + \phi_{2,1}x_1x_2 + \phi_{2,2}x_2^2 + \phi_{2,3}x_2 + \phi_0$$

$$C(\hat{Y}) = \hat{Y}\boldsymbol{\Psi}\hat{Y}^{\mathrm{T}} = \begin{pmatrix} y_1 & y_2 & 1 \end{pmatrix} \begin{pmatrix} \varphi_{1,1} & \varphi_{1,2} & \varphi_{1,3} \\ \varphi_{2,1} & \varphi_{2,2} & \varphi_{2,3} \\ \varphi_{3,1} & \varphi_{3,2} & \varphi_{3,3} \end{pmatrix} \begin{pmatrix} y_1 \\ y_2 \\ 1 \end{pmatrix}$$

$$= \varphi_{1,1}y_1^2 + \varphi_{1,2}y_1y_2 + \varphi_{1,3}y_1 + \varphi_{2,1}y_1y_2 + \varphi_{2,2}y_2^2 + \varphi_{2,3}y_2 + \varphi_0$$

随机量 ε、ξ 服从某种分布，令 $\theta = \xi - \varepsilon$，假设 θ 满足以下分布函数：

$$F(\theta) = \mathrm{e}^{-\mathrm{e}^{\alpha\theta}}，\text{其中 } \alpha \text{ 是一个待定系数，} \alpha < 0$$

则租房者选择房子的概率可表示为

$$P(\boldsymbol{X}, \boldsymbol{Y}) = P(\mathrm{MU} - \mathrm{MC} > 0) = \exp(-\exp(\alpha(U(\hat{X}) - C(\hat{Y}))))$$

$$= \exp(-\exp(\alpha(\phi_{1,1}x_1^2 + \phi_{1,2}x_1x_2 + \phi_{1,3}x_1 + \phi_{2,1}x_1x_2 + \phi_{2,2}x_2^2 + \phi_{2,3}x_2 + \phi_0$$

$$- (\varphi_{1,1}y_1^2 + \varphi_{1,2}y_1y_2 + \varphi_{1,3}y_1 + \varphi_{2,1}y_1y_2 + \varphi_{2,2}y_2^2 + \varphi_{2,3}y_2 + \varphi_0))))$$

2）数值求解

采用最大似然法求解相关系数，考虑似然函数及其对数函数

$$F = \prod_{i=1}^{k} P_i^{S_{1i}}(1 - P_i)^{S_{2i}}$$

$$\ln F = \sum_{i=1}^{k}(S_{1i}\ln P_i + S_{2i}\ln(1 - P_i))$$

F 取最大值即 $\ln F$ 取得最大值。为此，只需对 $\ln F$ 求偏导数，求得极值即可。但考虑到 P_i 为复杂的非线性函数，其偏导数复杂且不易求解，因此用数值方法求 $\ln F$ 的最大值。

3）拉丁方实验设计与目标集的回归分析

拉丁方是指用 r 个拉丁字母排成 r 行 r 列的方阵，要求每行每列中字母仅出现一次。相对于蒙特卡罗法得到的样本点，拉丁方实验抽样得到的样本点更加均匀，混乱程度低，效率高，对于单调型指标空间抽样具有更加优良的统计特性[①]。

考虑房子的装修程度与生活便利性。这两个指标无法用具体的数值进行衡量，需要主观判断或者其他辅助参量进行比较。因此，将两个指标按照等级划

---

① MCKAY M D, et al. A comparison of three methods for selecting values of input variable in analysis of output from a computer codes[J]. Tehchnometrics, 1979(21).

分，同样各个等级是客观描述的，有具体的参照对像，不是主观任意定的等级。以满足租房需求为准则，最高等级为 1 级，最低等级为 9 级。满足需求的程度为单调的，即越满足需求，等级越高；越不满足需求，等级越低。应用拉丁方抽样，抽取 20 个样本点，得到以下数据：

x_1	4	8	7	5	9	2	8	7	4	6	2	1	5	8	9	2	6	4	1	3
x_2	2	8	4	5	3	6	4	7	7	8	5	1	3	9	2	8	6	9	1	4

同样的将 y_1 和 y_2 划分为 9 个等级，以满足租房需求为准则，越满足需求，等级越高；越不满足需求，等级越低。对应以上样本点，给出以下数据：

y_1	2	5	1	6	5	2	4	9	8	6	9	1	9	8	7	3	7	4	1	4
y_2	8	2	4	2	6	1	9	4	3	6	7	3	9	6	5	2	5	1	7	8

得到样本后，对 20 个样本进行问卷调查，每个样本问卷 100 名租房者。租房者根据提供的房子装修程度与生活便利性的指标做出判断，比较代价等级，给出租房或者不租的情况，得到以下数据：

愿意租	80	40	65	75	60	79	62	55	69	52	89	95	80	30	55	60	59	55	90	85
不愿意租	20	60	35	25	40	21	38	45	31	48	11	5	20	70	45	40	41	45	10	15

用数值方法，对问题进行求解。进过多次迭代寻优，得到相关 $\boldsymbol{\Phi}$、$\boldsymbol{\Psi}$ 和 $\boldsymbol{\alpha}$，数据如下：

$$\boldsymbol{\Phi} = \begin{pmatrix} -0.2618 & -0.0310 & -1.8995 \\ -0.4602 & 0.0120 & -0.3460 \\ 21.6312 & 21.6312 & 21.6312 \end{pmatrix}, \boldsymbol{\Psi} = \begin{pmatrix} -0.1679 & 0.0936 & -0.1862 \\ -0.0624 & 0.1124 & -0.2339 \\ -0.2562 & -0.2562 & -0.2562 \end{pmatrix}$$

和 $\alpha = -0.0263$，解释率 $R^2 = 0.85$。这样指标空间上的符合目标需求的概率函数就近似得到了，也就得到了相应的频度型目标集。

第5章 探索性方案评估

本章探讨基于前述目标集的探索性评估问题。其本质就是如何依据量化的目标集，计算评估方案符合目标的程度、信度与频度问题。

5.1 评估基本问题探讨

管理的本质问题是决策，决策的关键是评估，可以说对各行各业，评估问题都是不可回避的。评估在本质上是指获取评估对象的价值。而价值这一概念内涵非常丰富，是一个高度抽象概括的表述。因此，评估也具有丰富的内涵，评估这一概念也具有广义性。光从评估两个字无法把握问题的实质，犹如"计算"二字，不同领域的计算，不同目标的计算简直是天壤之别。同样，对于评估这一概念也是类似道理。评估前面一定要有所指，不同层次、不同领域的评估问题往往差别很大，其方法手段更是完全不同。按层次上分，可分为专项评估与综合评估。专项评估是指求解某一特定的有形之物价值，评估也类似于计算[1]。由于有所特指，所以这种价值也是明确的。例如，资产评估、效益评估、性能评估等。而综合评估往往是涉及抽象无形之物（intangibles）的评估问题，而此类抽象无形之物，通常用一个概括性的指数来标定。如综合国力的评估、人员综合素质的评估。综合评估是一件非常困难的事性，难就难在对无形之物的评估。评估的结果值往往也是抽象数值，并没有明确的事理与物理涵义。例如，对战斗机进行作战综合能力评估，得出相应的综合指数，而综合指数高的并不一定能打败综合指数低的，大学专业排名高的，也不一定比排名低一点更适合自己，等等此类问题反映了综合评估的结果事理意义不清晰。综合评估遇到的问题主要还不是评估方法手段的问题，归根结底还是综合评估结果是个无形之物带来的主要困难。因此，对于综合评估通常适合于宏观结论性的，在英语中通常中用 Assessment[2] 来

---

① 英语中 Evaluation 既有评估，又有计算的意思。

② 在英语中有两个相关的词语，一个 Evaluation，另一个是 Assessment，翻译成中文都称为评估、评价。两个词的内涵还是有很大的区别的。Evaluation 更强调对评估对象给出精细明确的结果，通常要给出有多好，有多强，有多快等明确量值，或参考量，其常用到系统性能评估等微观领域。而 Assessment 更加笼统一些，表示对评估对象，给出一个结论或观点即可，不一定是精细量化的结论，通常用到宏观抽象的评估领域，如战略评估等。

表示，而不是具体的评估量化结果。

本书主要探讨的是方案的评估问题。方案评估的目标是方案的选择、分析与优化。如果评估的方案是单个方案，则评估的目标是研究该方案是否可行、达到目标的程度、频度或信度是多少？如果评估结果不好，就要考虑如何改进优化方案要，从哪些方面去改进？如果评估方案是多个，则通过评估，找到最符合目标需求的方案，也可在此方案上进一步的改进优化。本书中评估目标是明确的，评估的结果并不是一个抽象的方案指数值，评估的结果是有鲜明事理意义的方案价值，即方案符合目标需求的程度，信度与频度。

探索性决策方案评估实质上是评估方案符合目标的程度、信度与频度。要做出正确的评估关键是 3 个方面：一是如何确定目标，目标如何表述，根据实际问题，用何种恰当的形式来表述问题目标？二是如何描述方案？要把方案与目标紧密相关的属性表达出来，实现有效的评估；三是，方案与目标如何建立联系？显然，要实现有效的评估，上述 3 个方面都应是定量方式表达的。而定量的表达往往从定性描述开始，逐步运用多种手段实现量化。第 3 章和第 4 章详细探索了目标的表达问题，最终用多种类型的量化目标集来实现目标的表达，便于后续评估分析与优化的展开。本章主要探讨方案的量化描述，以及如何评估方案与目标关系的问题。

5.2 基于目标集的评估模型

在探索性评估论证框架中，方案的评估要通过方案特征属性与目标需求的对比来实现。因此，评估之前必须确定与评估目标相关的特征属性，然后再建立特征属性与目标的关系，实现评估。回答方案符合目标的程度、信度与频度等问题。很显然，方案特征属性应是量化描述的，是可测、可估计、可对照的。属性指标是分明的，或由概率分布与信度分布等方式来描述。类似目标集也可用分明、概率与信度等方式来描述，这样的评估模型相当于以下 12 种条件：

（1）目标集类型是分明型，属性指标描述方式是分明型。评估的结果是方案符合目标需求与否（方案属性向量是否直接落入目标集中），非 0 即 1。

（2）目标集类型是分明型，属性指标描述方式是概率型。评估的结果是方案符合目标需求的概率值。

（3）目标集类型是分明型，属性指标描述方式是信度型。评估的结果是方案符合目标需求的信度值。

（4）目标集类型是概率型，属性指标描述方式是分明型。评估的结果是方案符合目标需求的概率值。

（5）目标集类型是信度型，属性指标描述方式是分明型。评估的结果是方案符合目标需求的信度值。

（6）目标集类型是程度型，属性指标描述方式是分明型。评估的结果是方案符合目标需求的程度度值。

（7）目标集类型是程度型，属性指标描述方式是概率型。评估的结果是方案符合目标需求程度的概率分布与概率期望。

（8）目标集类型是程度型，属性指标描述方式是信度型。评估的结果是方案符合目标需求程度的信度分布与信度期望值。

（9）目标集类型是概率型，属性指标描述方式是概率型。评估的结果是方案符合目标的概率值。

（10）目标集类型是概率型，属性指标描述方式是信度型。评估的结果是方案符合目标需求的信度——概率分布函数，获取方案符合目标需求的信度概率值。

（11）目标集类型是信度型，属性指标描述方式是信度型，评估的结果是方案符合目标需求的信度值。

（12）目标集类型是信度型，属性指标描述方式是概率型。评估的结果是方案符合目标需求的信度——概率分布函数，获取方案符合目标需求概率的信度期望值。

各类型问题评估的结果如表 5.1 所列。

表 5.1　各种条件下的评估方式

属性描述方式 ＼ 目标集类型	分明型	程度型	信度型	频度概率型
分明型	直接对比，非 0 即 1	直接确定程度值	直接确定信度值	直接确定概率值
概率型	在分明集中做概率密度积分运算，计算从属概率值	计算方案符合目标需求程度概率期望值	计算方案符合目标概率的信度期望值	计算方案符合目标概率值
信度型	在分明集中取信度最大的属性向量点，计算从属信度值	计算方案符合目标需求程度信度期望值	计算方案符合目标信度值	计算方案符合目标概率的信度期望值

由于分明情形下，很容易求解，下面主要详细探讨非分明 6 种条件下评估模型与相关算法。

1. 目标集类型是程度型，属性指标描述方式是概率型

令 $EC_\lambda = \{ X \mid E(X) \geq \lambda, X \in A^n \}$，$EC_\lambda$ 即为目标集中满足目标需求程度大于 λ 的截集，其中 A^n 是指标空间，$E(X)$ 是目标需求集上符合需求的程度函数。令 $FP(X)$ 为评估方案指标概率分布函数。则评估方案符合目标程度的概率期望为

$$\lambda^* = \int_0^1 (\int_{\mathrm{EC}_\lambda} \mathrm{dFP}(\boldsymbol{X})) \mathrm{d}\lambda \qquad (5.1)$$

2. 目标集类型是程度型，属性指标描述方式是信度型

令 $\mathrm{EC}_\lambda = \left\{ \boldsymbol{X} \middle| E(\boldsymbol{X}) \geqslant \lambda, \boldsymbol{X} \in A^n \right\}$。令 $\mathrm{FB}(\boldsymbol{X})$ 为评估方案指标信度分布函数。设 $\xi_i(x_i)$ 为指标空间第 i 维指标的信度分布函数，如果各维指标的信度独立，则 $\mathrm{FB}(\boldsymbol{X}) = \xi_1(x_1) \wedge \xi_2(x_2) \wedge \cdots \wedge \xi_n(x_n)$。

令

$$\mathrm{TB}(\lambda) = \max \mathrm{FB}(\boldsymbol{X})$$

$$\mathrm{s.t.} \boldsymbol{X} \in \mathrm{EC}_\lambda$$

则评估方案符合目标程度的信度期望值为

$$\lambda^* = \int_0^1 \mathrm{TB}^{-1}(\alpha) \mathrm{d}\alpha \qquad (5.2)$$

3. 目标集类型是信度型，属性指标描述方式是信度型

令 $\mathrm{BC}_\lambda = \left\{ \boldsymbol{X} \middle| B(\boldsymbol{X}) \geqslant \lambda, \boldsymbol{X} \in A^n \right\}$，$\mathrm{BC}_\lambda$ 即是目标集中满足目标需求信度大于 λ 的截集，A^n 是指标空间，$B(\boldsymbol{X})$ 是目标需求集上符合目标需求的信度函数。

令 $\mathrm{FB}(\boldsymbol{X})$ 是评估方案指标信度分布函数，有

$$\mathrm{TB}(\lambda) = \max \mathrm{FB}(\boldsymbol{X})$$

$$\mathrm{s.t.} \boldsymbol{X} \in \mathrm{BC}_\lambda$$

则评估方案符合目标的信度值为

$$\bigvee_{\lambda=0}^{1} (\lambda \wedge \mathrm{TB}(\lambda))$$

如果目标集是单调型的，即 $\lambda_1 \leqslant \lambda_2, \mathrm{BC}_{\lambda_1} \supseteq \mathrm{BC}_{\lambda_2}$，则 $\mathrm{TB}(\lambda_1) \geqslant \mathrm{TB}(\lambda_2)$，显然

$$\bigvee_{\lambda=0}^{1} (\lambda \wedge \mathrm{TB}(\lambda)) = \lambda^* = \mathrm{TB}(\lambda^*) \qquad (5.3)$$

解方程 $\lambda = B(\lambda)$，得出 λ^* 即为方案符合目标需求的信度值。

4. 目标集类型是信度型，属性指标描述方式是概率型

令 $\mathrm{BC}_\lambda = \left\{ \boldsymbol{X} \middle| B(\boldsymbol{X}) \geqslant \lambda, \boldsymbol{X} \in A^n \right\}$，令 $\mathrm{FP}(\boldsymbol{X})$ 为评估方案指标概率分布函数，则评估方案符合目标的信度值为

$$\lambda^* = \int_0^1 (\int_{\mathrm{BC}_\lambda} \mathrm{dFP}(\boldsymbol{X})) \mathrm{d}\lambda \qquad (5.4)$$

5. 目标集类型是概率型，属性指标描述方式是概率型

评估方案符合目标的概率值为

$$\lambda^* = \int_{A^n} P(\boldsymbol{X}) \mathrm{dFP}(\boldsymbol{X}) \tag{5.5}$$

6. 目标集类型是概率型，属性指标描述方式是信度型

令 $\mathrm{PC}_\lambda = \left\{ \boldsymbol{X} \middle| P(\boldsymbol{X}) \geqslant \lambda, \boldsymbol{X} \in A^n \right\}$，$\mathrm{PC}_\lambda$ 即为目标集中满足目标需求概率大于 λ 的截集，A^n 为指标空间，$P(\boldsymbol{X})$ 为目标需求集上符合需求的频度（概率）函数。令 $\mathrm{FB}(\boldsymbol{X})$ 为评估方案指标信度分布函数。

令

$$\mathrm{TP}(\lambda) = \max \mathrm{FB}(\boldsymbol{X})$$

$$\mathrm{s.t.} \boldsymbol{X} \in \mathrm{PC}_\lambda$$

则评估方案符合目标的概率的信度期望值为

$$\lambda^* = \int_0^1 \mathrm{TP}^{-1}(\alpha) \mathrm{d}\alpha \tag{5.6}$$

5.3　探索性评估示例一　对敌某目标毁伤效能的探索性评估

本示例展示的是目标集为信度型，方案属性为概率型的评估问题。假设我方要对敌重要军事目标进行打击，然而该军事目标周围有两个民事目标，一个是公园，一个是医院。总体打击目标是对敌军事目标的毁伤程度（用一个 0～1 的比例值表示）要达到一定值，而民事目标要小于一定的毁伤程度值。该问题的目标准则空间（评估指标空间）由敌方军事目标毁伤程度以及两民事目标毁伤程度构成，各个打击方案对各目标的毁伤程度是概率随机型的[①]。打击的敌军事目标周围有两个民用设施（一个公园，一个医院），因此决策目标是寻找尽可能地毁伤敌军事目标，但又要尽可能减少民用设施毁伤的打击方案。

图 5.1 所示为用雷达图表示毁伤目标集，表 5.2 所列为 10 个专家的需求范围。各个专家给出不同的目标需求，本例中目标集采用简化方式生成，即目标准则空间中（3 个敌方目标打击程度需求构成的三维空间，有的是尽可能小，有的尽可能大）每个点的符合专家要求的比例作为信度函数[②]，例如，对指标空间中点 $\boldsymbol{X} =(0.2，0.01，0.8)$[③]，此向量点只符合专家三与专家八的要求，那么信度定为 0.2（2/10），$B(X) = 0.2$。

---

① 毁伤程度的计算采用蒙特卡罗法，结果是概率随机型。

② 在此略去了回归拟合这一步。

③ 每个目标打击程度值为（0.2，0.01，0.8）。

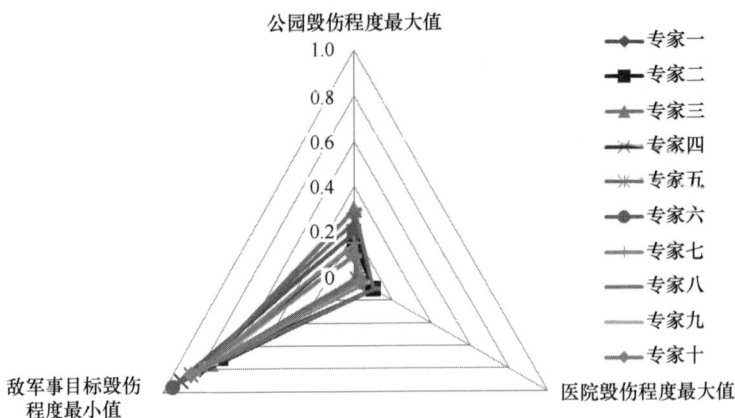

图 5.1 雷达图表示毁伤目标集

表 5.2 10 个专家对不同目标的毁伤需求

专家	公园毁伤程度最大值	医院毁伤程度最大值	敌军事目标毁伤程度最小值
专家一	0.1	0.05	0.8
专家二	0.15	0.1	0.7
专家三	0.3	0.01	0.75
专家四	0.2	0.1	0.9
专家五	0.25	0.02	0.85
专家六	0.2	0.03	0.95
专家七	0.15	0.05	0.8
专家八	0.3	0.1	0.8
专家九	0.1	0.04	0.75
专家十	0.1	0.03	0.85

假设有 3 个打击方案 A、B、C，每个打击方案通过大样本仿真或实兵模拟测试计算得出毁伤程度值的概率分布，然后把此分布与目标集结合进行评估，使用如下公式：

$$\lambda^* = \int_0^1 (\int_{BC_\lambda} dFP(\boldsymbol{X})) d\lambda$$

式中：BC_λ 为指标空间中信度大于 λ 值的截集。由于只有 10 个专家，因此 λ 为离散取值，$\lambda = (0, 0.1, 0.2, 0.3, 0.4, 0.5, 0.6, 0.7, 0.8, 0.9, 1)$，例如 $BC_{0.3}$ 表示指标空间中满足 3 位以上专家要求的区域。$FP(\boldsymbol{X})$ 为某方案对 3 个目标毁伤程度的概率分布，例如 $\int_{BC_{0.3}} dFP(\boldsymbol{X})$ 表示打击程度符合 3 个以上专家需求的概率值，也即符合毁伤目标需求信度大于 0.3 的概率值。

假设打击方案的概率—信度分布如图 5.2 所示。

A方案毁伤概率—信度曲线

$$\lambda^* = \int_0^1 \left(\int_{BC_\lambda} dFP(\boldsymbol{X}) \right) d\lambda = 0.273$$

毁伤概率值

满足对目标毁伤需求的信度值λ

B方案毁伤概率—信度曲线

$$\lambda^* = \int_0^1 \left(\int_{BC_\lambda} dFP(\boldsymbol{X}) \right) d\lambda = 0.19$$

毁伤概率值

满足对目标毁伤需求的信度值λ

C方案毁伤概率—信度曲线

$$\lambda^* = \int_0^1 \left(\int_{BC_\lambda} dFP(\boldsymbol{X}) \right) d\lambda = 0.32$$

毁伤概率值

满足对目标毁伤需求的信度值λ

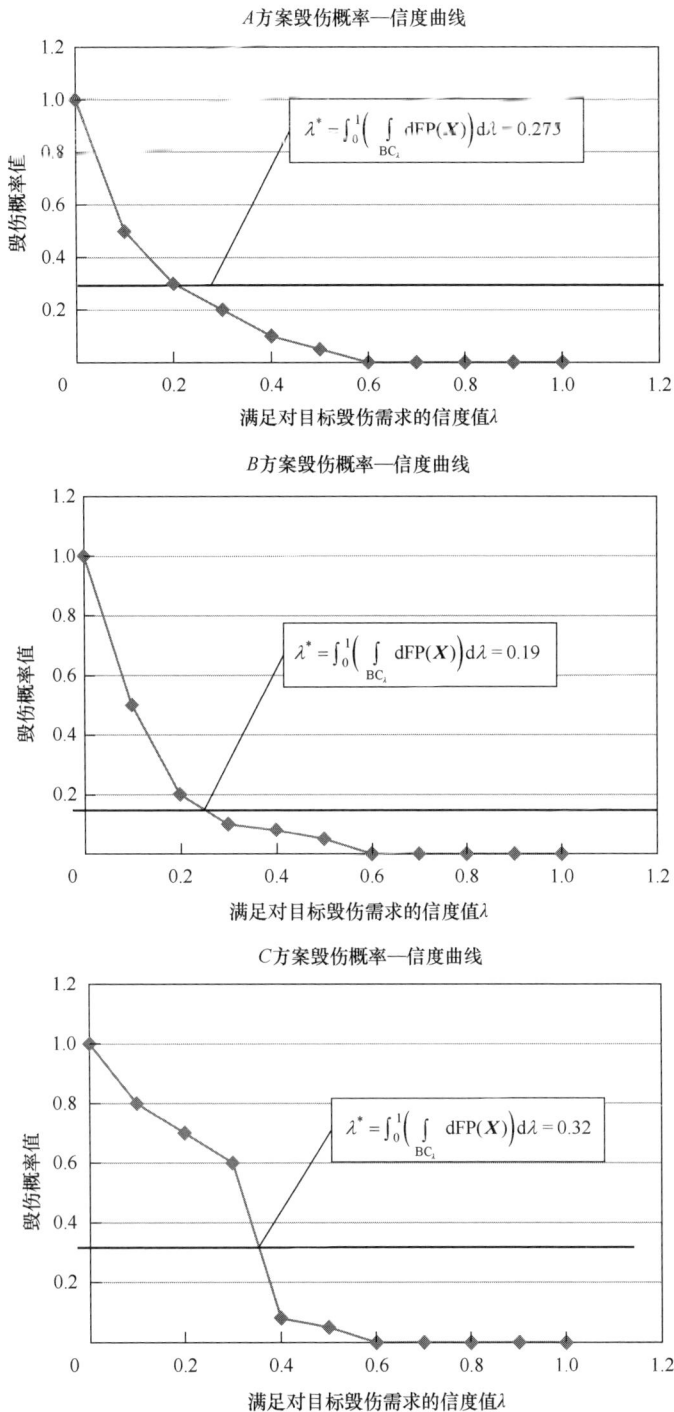

图 5.2　打击方案的概率—信度分布

通过上述计算，很显然 C 方案的打击效果最好，但其效能值也非常低（0.32），还应找到更佳的打击方案。

5.4 探索性评估示例二 企业创新程度的探索性评估问题

本节探讨的评估问题，是对企业创新符合目标需求程度的评估解算，通过对企业的一些核心创新数据与创新目标集对照分析，得出评估结果即创新目标等级值。在本例中，目标集是程度型，其生成方式在 4.3.1 节中介绍过了。由于大部分企业的相关创新数据存在不确定性，难以完全精确统计，是一种不确知的数据类型，在此例中采用信度分布函数的形式来描述。当然，对于能完全确定的数据也可以采用这种方式描述，是一种特殊的不确定形式。

5.4.1 评估的对象

在本示例中，主要是评估企业采取某创新方法后，其创新发展水平的评估问题。企业创新总任务目标可以分解成若干分层的准则指标，可以建立一个层次化的指标体系，每一个指标可以理解为刻画目标实现程度的一个量度。最终的评估结果也即创新目标的实现程度值。由于实际企业的相应指标难以完全精确确定，往往通过领域专家根据参考数据，用信度分布函数来刻画，这样实际评估问题就是目标集是程度型，评估方案的指标值用信度分布函数刻画。企业创新评估指标体系见图 5.3 和表 5.3。

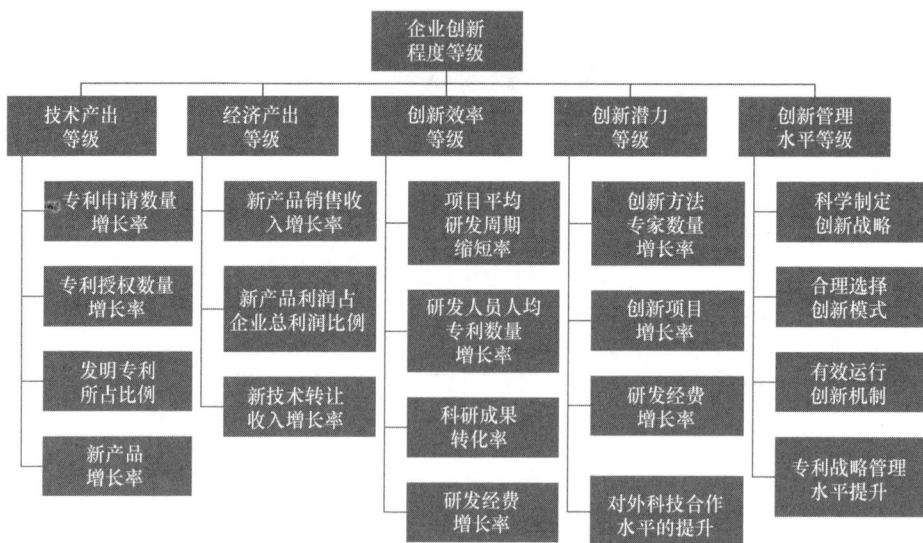

图 5.3 企业创新评估指标体系

表 5.3 企业创新评估指标体系

一级指标 A	二级指标 B	指标说明
技术产出 A_1	专利申请数量增长率 B_1	包括国际和国内专利，以该年实际申请数为准
	专利授权数量增长率 B_2	包括国际和国内专利，以该年实际授权数为准
	发明专利所占比例 B_3	发明专利授权数量/专利授权总数×100%
	新产品增长率 B_4	该年度推出的新产品，含同一系列产品的升级版
经济产出 A_2	新产品销售收入增长率 B_5	新产品销售收入/公司销售总收入×100%
	新产品利润占企业总利润比例 B_6	新产品利润/公司总利润×100%
	新技术转让收入增长率 B_7	将新技术转让给其他机构获得的收入，含技术及相关服务
	成本节约额 B_8	采用新技术、新工艺、新材料后节约的成本
创新效率 A_3	项目平均研发周期缩短率 B_9	研发项目从立项到结束的平均时长
	研发人员人均专利数量增长率 B_{10}	专利授权数量/研发人员数量
	科研成果转化率 B_{11}	转化为商品的研发成果数量/研发成果总数×100%
创新潜力 A_4	创新方法专家数量增长率 B_{12}	创新方法专家的数量增长
	创新项目增长率 B_{13}	包括企业内部的创新项目和承担国家、省级科研项目的数量
	研发经费增长率 B_{14}	包括企业内部的研发投入和承担国家、省级科研项目的经费
	对外科技合作水平的提升 B_{15}	主观指标，包括行业共性、关键性技术的合作交流等方面采用1~5量表
创新管理水平 A_5	科学制定创新战略 B_{16}	主观指标，包括创新理念的先进性，创新在企业文化中的重要性等，采用1~5量表
	合理选择创新模式 B_{17}	主观指标，创新模式的合理性，采用1~5量表
	有效运行创新机制 B_{18}	主观指标，创新机制的有效性，包括创新方法应用流程的固化等方面，采用1~5量表
	专利战略管理水平提升 B_{19}	主观指标，包括信息采集和创新预测水平、专利技术与市场预见能力等，采用1~5量表

本示例是一个可分解评估的案例。企业总的创新程度等级由下一层的 5 项一级指标等级确定，也即对于不同的评估方案，只要其一级指标等级相同，则总的创新等级是一样，无论其二级指标取值存在怎样的差异。

5.4.2 创新方法试点企业示例分析

本节以 A 公司为例，介绍探索性评估模型。探索性评估过程包括以下 3 个步骤：

步骤 1 目标与子目标集评估层度等级划分。上面构建相应的多级指标体系，各个指标也是目标或子目标的具体量化标度，各个指标的分级可以理解为实现目标需求的等级程度。因此，从下而上确定各指标的等级，也可以理解为确定相应目标或子目标的需求等级值。

将企业创新程度为 5 个等级，分别用 I、II、III、IV、V 来表示，I 级为最差效果，V 级为最好效果。等级之间有明确的划分，有具体界定的范围与可参考客观事物，以保证各个专家等级判断具有一致性。将 5 个等级的评估模式应用到每个指标层，对于定性指标，由专家给出可参考客观事物的定性描述；对于定量指标，则直接根据取值来设定信度。

步骤 2 确定各级指标等级程度求解模型。由于上一级的目标实现程度等级由下一级的目标实现程度等级决定，运用 3.2 节中程度型目标集生成方法来解算等级，即生成函数 $Y = E(X)$，其中 X 是下一层指标的等级向量，Y 是上一层的等级向量。上一级的程度值由下一级指标的程度取值来确定。最顶层即总创新程度的指标，表示该企业总体的创新等级，也即创新目标的程度值。运用 3.2 节中目标程度等级交互探索实验方法，生成各级指标的等级计算模型如下：

（1）技术产出指标等级表达式：

$$E_{A_1}(B_1, B_2, B_3, B_4) = 3 + 0.6 \times (B_1 - 0.075)/0.055 + 0.04 \times (B_1 - 0.075)/0.055 \times$$
$$(B_1 - 0.075)/0.055 + (B_2 - 0.07)/0.04 \times 0.33 + (B_2 - 0.07)/0.04 \times$$
$$(B_2 - 0.07)/0.04 \times (-0.22) + 0.66 \times (B_3 - 0.15)/0.1 + 0.02 \times$$
$$(B_3 - 0.15)/0.1 \times (B_3 - 0.15)/0.1 + 0.43 \times (B_4 - 0.2)/0.1$$
$$+ 0.09 \times (B_4 - 0.2)/0.1 \times (B_4 - 0.2)/0.1 + (B_1 - 0.075)/0.055$$
$$\times (B_2 - 0.07)/0.04 \times 0.1 - 0.19 \times (B_3 - 0.15)/0.1 \times (B_4 - 0.2)/0.1$$

（2）经济产出指标等级表达式：

$$E_{A_2}(B_5, B_6, B_7, B_8) = 2.94 + 0.52 \times (B_5 - 0.15)/0.1 + 0.45 \times (B_5 - 0.15)/0.1 \times$$
$$(B_5 - 0.15)/0.1 + 0.54 \times (B_6 - 0.075)/0.045 - 0.24 \times$$
$$(B_6 - 0.075)/0.045 \times (B_6 - 0.075)/0.045 + 0.50 \times (B_7 -$$
$$0.185)/0.105 + 0.01 \times (B_7 - 0.185)/0.105 \times (B_7 - 0.185)/0.105$$
$$+ 0.60 \times (B_8 - 0.18)/0.08 - 0.13 \times (B_8 - 0.18)/0.08 \times (B_8 -$$
$$0.18)/0.08 + 0.002 \times (B_5 - 0.15)/0.1 \times (B_6 - 0.075)/0.045$$

（3）创新效率指标等级表达式：

$$E_{A_3}(B_9, B_{10}, B_{11}) = 2.92 + 0.69 \times (B_9 - 0.2)/0.1 + 0.06 \times (B_9 - 0.2)/0.1 \times$$
$$(B_9 - 0.2)/0.1 + 0.94 \times (B_{10} - 0.15)/0.1 + 0.06 \times (B_{10} -$$
$$0.15)/0.1 \times (B_{10} - 0.15)/0.1 + 0.69 \times (B_{11} - 0.09)/0.1$$
$$+ 0.06 \times (B_{11} - 0.09)/0.1 \times (B_{11} - 0.09)/0.1$$

（4）创新潜力指标等级表达式：

$$E_{A4}(B_{12},B_{13},B_{14},B_{15}) = 2.68 + 0.5 \times (B_{12}-0.2)/0.1 + 0.13 \times (B_{12}-0.2)/0.1 \times$$
$$(B_{12}-0.2)/0.1 + 0.5 \times (B_{13}-0.3)/0.2 + 0.13 \times (B_{13}-$$
$$0.3)/0.2 \times (B_{13}-0.3)/0.2 + 0.4 \times (B_{14}-3)/2 + 0.5 \times$$
$$(B_{15}-0.15)/0.1 - 0.02 \times (B_{12}-0.2)/0.1 \times (B_{12}-0.3)/0.2$$

（5）创新管理水平指标等级表达式：

$$E_{A5}(B_{16},B_{17},B_{18},B_{19}) = 2.74 + 0.45 \times (B_{16}-3)/2 - 0.12 \times (B_{16}-3)/2 \times (B_{16}-$$
$$3)/2 + 0.65 \times (B_{17}-3)/2 + 0.29 \times (B_{18}-3)/2 + 0.38$$
$$\times (B_{18}-3)/2 \times (B_{18}-3)/2 + 0.45 \times (B_{19}-3)/2$$

（6）总的创新指标等级表达式：

$$E(A_1,A_2,A_3,A_4,A_5) = 2.94 + 0.61 \times (A_1-3)/2 + 0.05 \times (A_1-3)/2 \times (A_1-3)/2 +$$
$$0.61 \times (A_2-3)/2 + 0.05 \times (A_2-3)/2 \times (A_2-3)/2 + 0.52 \times$$
$$(A_3-3)/2 + 0.52 \times (A_4-3)/2 + 0.52 \times (A_5-3)/2 + 0.07 \times$$
$$(A_5-3)/2 \times (A_5-3)/2 - 0.23 \times (A_1-3)/2 \times (A_2-3)/2 +$$
$$0.01 \times (A_2-3)/2 \times (A_3-3)/2 - 0.15 \times (A_3-3)/2 \times (A_5-3)/2$$

步骤 3　确定初始指标信度分布。探索性评估模型以信度分布为判断目标等级的依据，根据底层指标的信度分布，借助指标层之间的映射关系得到评估目标的信度分布。整个求解符合探索性评估论证基本框架，从底向上，逐步综合得出最终创新目标的程度值。

根据 5.2 节中目标需求为程度型，方案属性为信度型的评估模型，迭代解出最终创新程度等级分布函数与信度期望值。解算方法如下：

$$\alpha_\lambda = \text{TB}(X) = \max(\varepsilon_1(x_1) \wedge \varepsilon_2(x_2) \wedge \cdots \wedge \varepsilon_n(x_n))$$

$$\text{s.t.} E(X) \geqslant \lambda$$

式中：α_λ 为对应于高于等级 λ 的信度，$\lambda = $ Ⅰ、Ⅱ、Ⅲ、Ⅳ、Ⅴ；$\varepsilon_i(x_i)$ 为第 i 个子指标的信度分布。可以证明，如果程度等级函数 E 是单调函数，则 $\alpha_{\text{I}} \geqslant \alpha_{\text{II}} \geqslant \alpha_{\text{III}} \geqslant \alpha_{\text{IV}} \geqslant \alpha_{\text{V}}$。显然本例中 E 是单调函数①。

假设专家对评估方案给出了信度分布函数，通过专家对每一项指标的取值做出信度判断，如表 5.4 所列。

---

① 此处的单调是指目标集中越优的点符合需求程度越大。

77

表5.4 二级指标（方案属性）信度分布表

专利申请数量增长率	0.02	0.05	0.08	0.10	0.13
专利申请数量增长率信度分布	1.00	0.95	0.85	0.10	0.00
专家授权数量增长率	0.03	0.05	0.07	0.09	0.11
专家授权数量增长率信度分布	1.00	0.90	0.20	0.05	0.00
发明专利所占比例	0.05	0.10	0.15	0.20	0.25
发明专利所占比例信度分布	1.00	0.90	0.85	0.75	0.00
新产品增长率	0.10	0.15	0.20	0.25	0.30
新产品增长率信度分布	1.00	0.85	0.10	0.05	0.00
新产品销售收入增长率	0.05	0.10	0.15	0.20	0.25
新产品销售收入增长率信度分布	1.00	1.00	1.00	0.95	0.90
新产品利润占企业总利润比例	0.03	0.05	0.08	0.10	0.12
新产品利润占企业总利润比例信度分布	1.00	1.00	0.95	0.85	0.10
新技术转让收入增长率	0.08	0.12	0.17	0.23	0.29
新技术转让收入增长率信度分布	1.00	1.00	0.80	0.10	0.00
成本节约额	0.10	0.13	0.17	0.22	0.26
成本节约额信度分布	1.00	0.90	0.10	0.05	0.00
项目平均研发周期缩短率	0.10	0.15	0.20	0.25	0.30
项目平均研发周期缩短率信度分布	1.00	0.10	0.00	0.00	0.00
研发人员人均专利数量增长率	0.05	0.10	0.15	0.20	0.25
研发人员人均专利数量增长率信度分布	1.00	0.90	0.05	0.00	0.00
科研成果转化率	0.03	0.06	0.09	0.12	0.15
科研成果转化率信度分布	1.00	0.90	0.85	0.05	0.00
创新项目增长率	0.10	0.15	0.20	0.25	0.30
创新项目增长率信度分布	1.00	0.95	0.90	0.85	0.05
研发经费增长率	0.10	0.20	0.30	0.40	0.50
研发经费增长率信度分布	1.00	0.90	0.10	0.00	0.00
对外科技合作水平的提升	1.00	2.00	3.00	4.00	5.00
对外科技合作水平的提升信度分布	1.00	0.70	0.30	0.10	0.00
创新方法专家数量增长率	0.05	0.10	0.15	0.20	0.25
创新方法专家数量增长率信度分布	1.00	0.85	0.05	0.00	0.00
科学制定创新战略水平	I	II	III	IV	V
科学制定创新战略水平信度分布	1.00	0.80	0.60	0.10	0.00
合理选择创新模式水平	I	II	III	IV	V
合理选择创新模式水平信度分布	1.00	0.90	0.75	0.60	0.05
有效运行创新机制水平	I	II	III	IV	V
有效运行创新机制水平信度分布	1.00	0.90	0.85	0.80	0.75
专利战略管理水平提升	I	II	III	IV	V
专利战略管理水平提升信度分布	1.00	0.90	0.60	0.20	0.00

分别求解第二步给出的 6 个方程式，可得表 5.5。

表 5.5　一级指标信度分布表

	I	II	III	IV	V
技术产出	1.0000	0.9328	0.8221	0.3535	0.0104
经济产出	1.0000	0.9995	0.9400	0.8352	0
创新效率	1.0000	0.9149	0.1422	0.0022	0
创新潜力	1.0000	0.9200	0.4918	0.0500	0
创新管理水平	1.0000	0.9234	0.7700	0.6000	0.0592

评估目标的信度分布为（1.0000，0.9200，0.7700，0.3535，0.0104），按上述方法，进一步可以得到评估目标的等级信度分布，如图 5.4 所示。

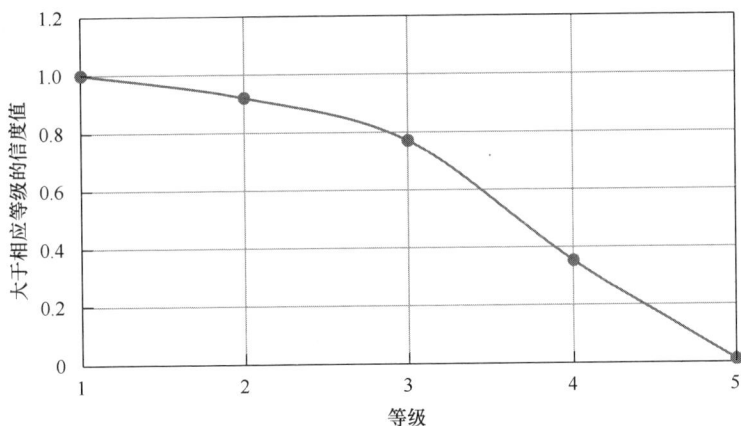

图 5.4　评估结果信度分布

图 5.4 表示了综合评价高于某个等级的信度曲线，也即得出最终达到相应目标程度的信度函数 $\alpha = \text{TB}(X)$，其中 X 是等级，α 是达到相应等级的信度值。由信度分布函数可知，公司创新能力达到III级的信度为 0.77，达到IV级的信度为 0.3535，最后求出信度期望值为

$$\lambda^* = \int_0^1 \text{TB}^{-1}(\alpha)\mathrm{d}\alpha \approx 3.6$$

该企业总创新程度期望等级介于III级与IV级之间[1]。

---

[1]　如前面所述，等级指标是序数类指标，只可以进行比较排序，如等级值 3.8 优于 3.2。不可把其当作基数类指标，不能认为 3.2 与 3 的差别和 3.8 与 4 的差别一样。

5.5 探索性评估示例三 战斗机空战效能的探索性评估

5.5.1 评估问题的基本框架

本示例是评估某型战斗机两个设计方案的作战效能问题。本示例是来自实际问题中的一个抽象，主要还是说明探索性评估方法的应用。在此例中，目标集是分明型，方案属性是信度型。

本示例是整个方案评估论证的一个片断，针对某典型任务目标（针对敌方 X 型战机的空战效能目标）评估分析与优选两种设计方案。对某型战机设计方案进行评估，需要构建一个有效的评估体系框架，该体系的框架结构如图 5.5 所示，具体评估工作按以下框架展开。

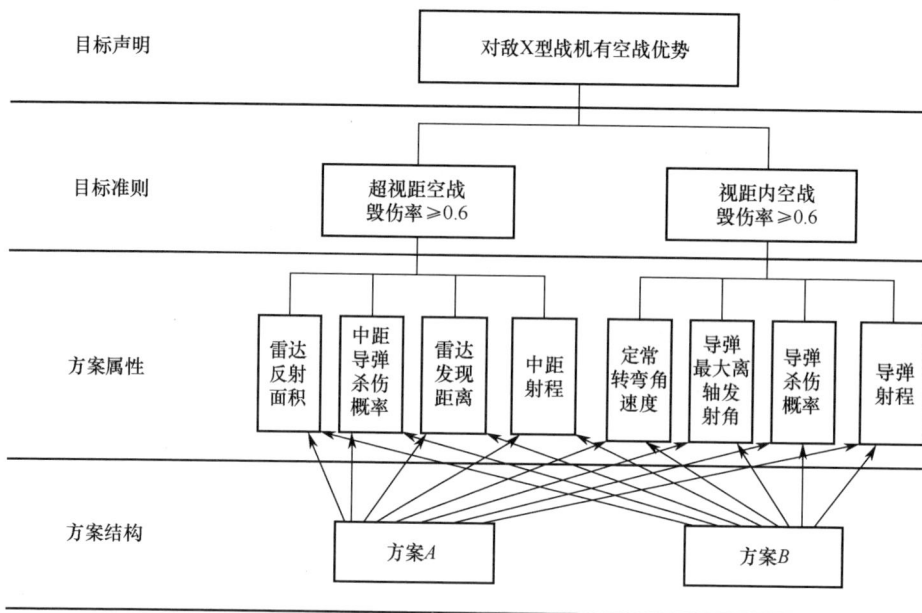

图 5.5　战斗机效能探索性评估框架结构

如图 5.5 所示，目标声明要通过具体量化的目标准则来刻画。本示例中目标声明可以理解为两种方案下某型战斗机的空战效能对比。

目标声明是对方案目标的一个宏观性的描述，目标准则是对目标声明的量化与界定。本示例中采用两个准则来量化目标声明，一个是超视距空战毁伤概率大于等于 0.6；另一个是视距内毁伤概率大于等于 0.6。

方案属性根据文献的研究[1]，从 30 多个要素中利用筛选方法选取 8 个最关键的能力指标[2]（方案属性），超视距空战能力指标是：RCS、中距导弹杀伤概率、雷达发现距离和中距弹射程；视距内空战能力通过 4 个指标量化，分别是：定常转弯角速度、导弹最大离轴发射角、导弹杀伤概率和导弹射程。本示例中也同样采用以上 8 个指标分别对两型战斗机的超视距空战和视距内空战进行量化，则方案属性由以上 8 种指标构成。

方案结构则是两种方案：某型战斗机的方案 A 和方案 B。

5.5.2 目标集的生成

针对超视距空战问题，本示例运用基于仿真实验的目标集生成方法获得 4 个属性指标的目标集，图 5.6 所示为取导弹杀伤概率为 0.6 时的三维目标集片断（基于仿真推演的判断机制，运用第 4 章单调分明型目标集的生成方法生成）。图 5.6 中所显示的目标集只是四维目标集中导弹杀伤概率为 0.6 时的一个切片，实际的目标集是四维的。

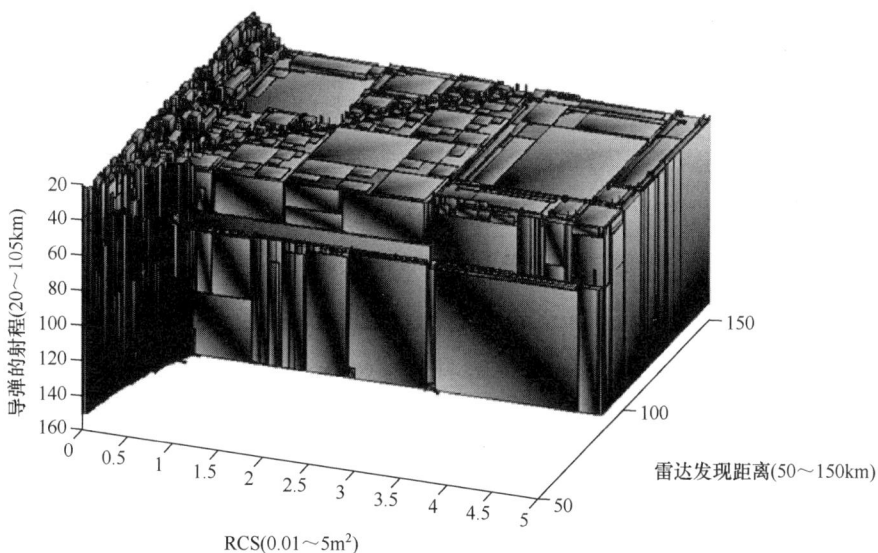

图 5.6 超视距空战目标集三维显示图

① 董小龙，孙金标，孙乃祥，等. 超视距空战效能指标的仿真实验分析[J]. 系统仿真学报，2011（11）：2321-2326.
② 严格说绝大部分指标都是条件指标，不同条件取值是不一样的，在此所列指标是指典型条件下的指标取值。

5.5.3 各个指标的信度分布函数生成

目标声明与目标准则通过转换手段，等价到相应的方案属性集（上述 8 个作战能力指标中）当中。这为评估奠定了良好的基础，下一步只要确定每个方案的 8 个指标的信度分布，通过相应的航空工程专家，利用多种手段估算出各个指标的信度分布。

1. 雷达反射面积（RCS）

RCS 分为 5 个水平，分别是 $0.15m^2$、$0.2m^2$、$0.25m^2$、$0.3m^2$、$0.35m^2$，经过校准练习的专家分别给出两个方案 RCS 各水平的信度，两个方案的数据整理如表 5.6 和表 5.7 所列。

表 5.6 A 方案 RCS 信度分布

A 方案 RCS/m²		0.1	0.15	0.2	0.25	0.3	0.35	0.4
信度	专家 1	0	0.1	0.3	0.4	0.7	0.9	1
	专家 2	0	0.2	0.5	0.7	0.9	0.95	1
	专家 3	0	0.1	0.4	0.6	0.8	0.9	1
	专家 4	0	0.2	0.5	0.7	0.9	1	1
	专家 5	0	0.1	0.2	0.7	0.8	0.9	1

表 5.7 B 方案 RCS 信度分布

B 方案 RCS/m²		0.1	0.15	0.2	0.25	0.3	0.35	0.4
信度	专家 1	0	0.3	0.75	0.85	0.9	0.95	1
	专家 2	0	0.4	0.75	0.8	0.9	0.95	1
	专家 3	0	0.5	0.7	0.9	0.95	1	1
	专家 4	0	0.5	0.8	0.85	0.9	0.95	1
	专家 5	0	0.4	0.7	0.85	0.9	1	1

根据专家的评估拟合出 A 方案和 B 方案 RCS 的信度分布函数，如图 5.7 和图 5.8 所示。

2. 雷达发现距离

雷达发现距离分为 4 个水平，分别为 80km、85km、90km、95km，经过校准练习的专家分别给出两个方案雷达发现距离各水平的信度，两个方案的数据整理如表 5.8 和表 5.9 所列。

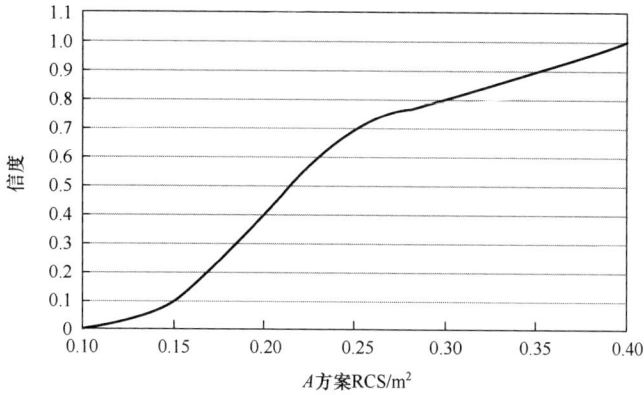

图 5.7　*A* 方案 RCS 信度分布函数

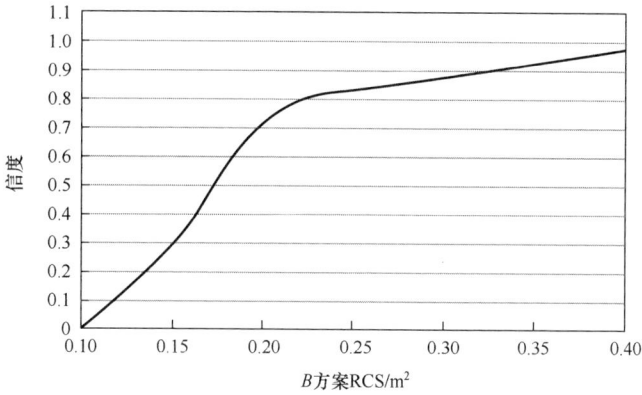

图 5.8　*B* 方案 RCS 信度分布函数

表 5.8　*A* 方案雷达发现距离信度分布

A 方案雷达发现距离/km		100	95	90	85	80	75
信度	专家 1	0	0.1	0.2	0.85	0.9	1
	专家 2	0	0.15	0.2	0.8	0.95	1
	专家 3	0	0.2	0.25	0.9	0.92	1
	专家 4	0	0.15	0.2	0.9	0.95	1
	专家 5	0	0.1	0.15	0.7	0.8	1

表 5.9　*B* 方案雷达发现距离信度分布

B 方案雷达发现距离/km		100	95	90	85	80	75
信度	专家 1	0	0	0.05	0.1	0.8	1
	专家 2	0	0	0.05	0.15	0.7	1
	专家 3	0	0	0.05	0.15	0.6	1
	专家 4	0	0	0.05	0.1	0.7	1
	专家 5	0	0	0.05	0.15	0.8	1

根据专家的评估拟合出 A 方案和 B 方案雷达发现距离的信度分布函数，如图 5.9 和图 5.10 所示[①]。

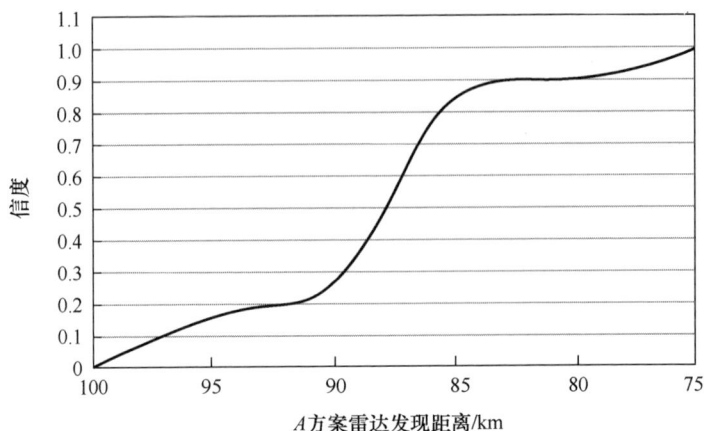

图 5.9 A 方案雷达发现距离信度分布函数

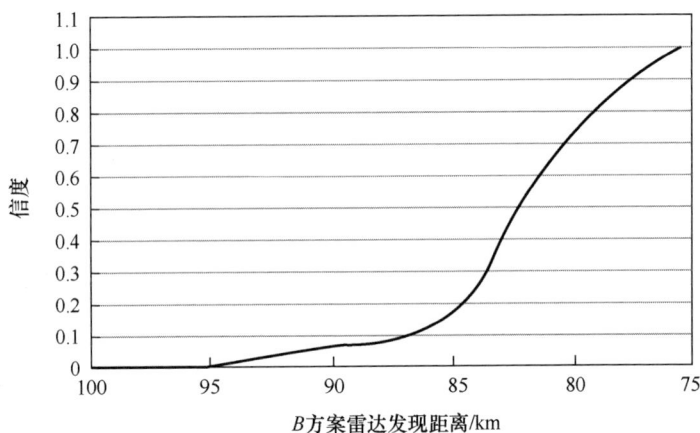

图 5.10 B 方案雷达发现距离信度分布函数

3. 导弹杀伤概率

导弹杀伤概率分为 3 个水平，分别是 0.6、0.7、0.8，经过校准练习的专家分别给出两个方案导弹杀伤概率各水平的信度，两个方案的数据整理如表 5.10 和表 5.11 所列。

---

① 为了表达方便，也为了符合人的思考习惯（人通常给出的是优于某个值的信度），对于越大越好的指标进行坐标转置，这样纵轴的取值代表变量大于相应横轴值的信度。

表 5.10 *A* 方案导弹杀伤概率信度分布

A 方案导弹杀伤概率		0.9	0.8	0.7	0.6	0.5
信度	专家 1	0	0.1	0.8	0.9	1
	专家 2	0	0.2	0.85	0.95	1
	专家 3	0	0.15	0.8	0.95	1
	专家 4	0	0.2	0.85	1	1
	专家 5	0	0.25	0.9	1	1

表 5.11 *B* 方案导弹杀伤概率信度分布

B 方案导弹杀伤概率		0.9	0.8	0.7	0.6	0.5
信度	专家 1	0	0.05	0.2	0.9	1
	专家 2	0	0	0.15	0.9	1
	专家 3	0	0	0.1	0.95	1
	专家 4	0	0.05	0.25	1	1
	专家 5	0	0.05	0.2	0.9	1

根据专家的评估拟合出 *A* 方案和 *B* 方案导弹杀伤概率的信度分布函数，如图 5.11 和图 5.12 所示。

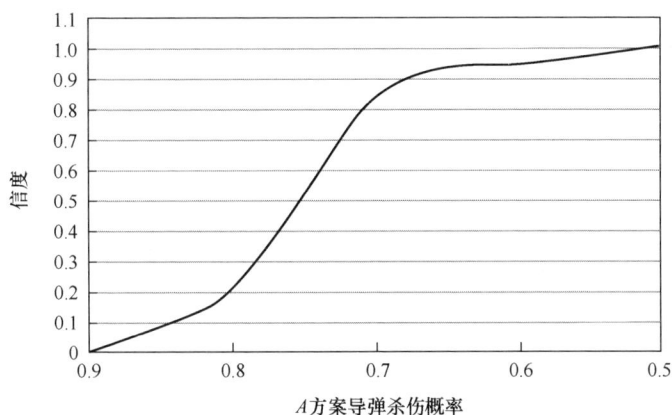

图 5.11 *A* 方案导弹杀伤概率信度分布函数

4. 中距弹射程

中距弹射程分为 3 个水平，分别是 70km、90km、100km，经过校准练习的专家分别给出两个方案中距弹射程各水平的信度，两个方案的数据整理如表 5.12 和表 5.13 所列。

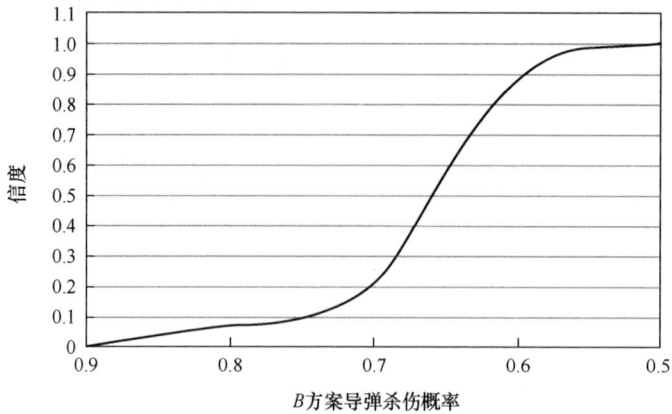

图 5.12　B 方案导弹杀伤概率信度分布函数

表 5.12　A 方案中距弹射程信度分布

A 方案中距弹射程/km		120	100	90	70	50
信度	专家 1	0	0.2	0.7	0.9	1
	专家 2	0	0.25	0.75	0.9	1
	专家 3	0	0.2	0.7	0.95	1
	专家 4	0	0.15	0.85	1	1
	专家 5	0	0.2	0.8	0.95	1

表 5.13　B 方案中距弹射程信度分布

B 方案中距弹射程/km		120	100	90	70	50
信度	专家 1	0	0.05	0.2	0.95	1
	专家 2	0	0	0.1	0.9	1
	专家 3	0	0.05	0.2	0.95	1
	专家 4	0	0.05	0.25	0.85	1
	专家 5	0	0.05	0.2	0.9	1

　　根据专家的评估拟合出 A 方案和 B 方案中距导弹射程的信度分布函数，如图 5.13 和图 5.14 所示。

5.5.4　两种方案的评估结果

　　运用 5.2 节，目标集为分明型，方案属性为信度分布的评估模型，计算如下：
　　在本示例中，X_a 为方案 A 的指标向量，X_b 为方案 B 的指标向量，Ω 为前面运用仿真实验法获取的目标集，如图 5.6，$\xi_{a(i)}$ 为方案 A 各个指标的信度分布函数，$\xi_{b(i)}$ 为方案 B 各个指标的信度分布函数，i 为 RCS，R 为雷达发现距离，k 为导弹杀伤概率，D 为中距导弹射程。运用上一节中的计算方法求解如下：

$$B\left(\boldsymbol{X}_a,\Omega\right)=\mathop{\vee}\limits_{Y_a\in\Omega}\left[\xi_{a(\text{RCS})}\left(y_{a(\text{RCS})}\right)\wedge\xi_{a(R)}\left(y_{a(R)}\right)\wedge\xi_{a(k)}\left(y_{a(k)}\right)\wedge\xi_{a(D)}\left(y_{a(D)}\right)\right]=0.79$$

$$B\left(\boldsymbol{X}_b,\Omega\right)=\mathop{\vee}\limits_{Y_b\in\Omega}\left[\xi_{b(\text{RCS})}\left(y_{b(\text{RCS})}\right)\wedge\xi_{b(R)}\left(y_{b(R)}\right)\wedge\xi_{b(k)}\left(y_{b(k)}\right)\wedge\xi_{b(D)}\left(y_{b(D)}\right)\right]=0.29$$

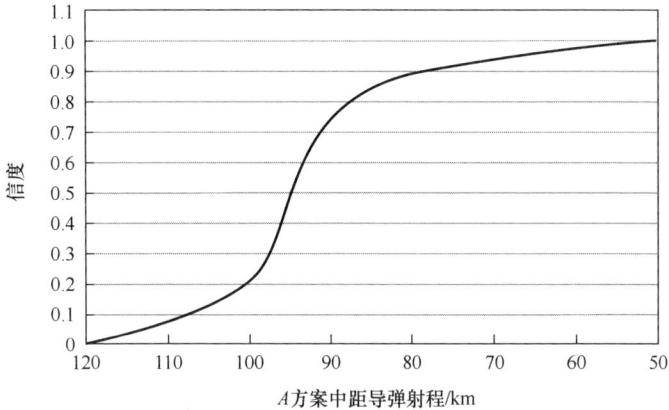

图 5.13　A 方案中距导弹射程信度分布函数

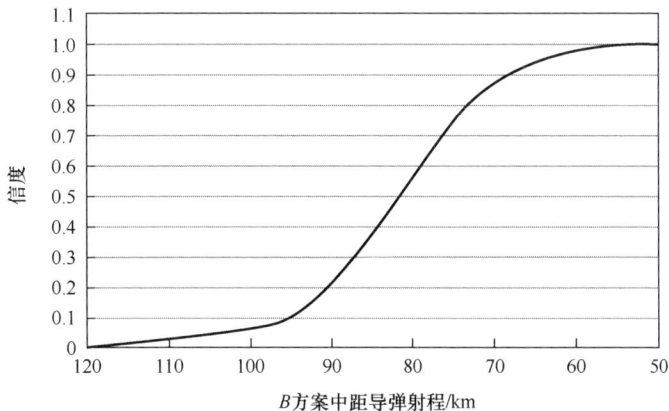

图 5.14　B 方案中距导弹射程信度分布函数

通过条件优化算法求解得：A 方案评估结果是 0.79；B 方案评估结果是 0.29。由此可知 A 方案符合需求的信度是 0.79，B 方案符合需求的信度是 0.29，因此相对而言按照 A 型方案研制某型战斗机在超视距空战中更具有优势。

同理，可以应用上述方法，评估两种设计方案在视距内空战中的作战效能值，此处略。

第6章　探索性分析与优化

方案评估不是最终的目的，评估论证最终的目标是获取满足或接近目标需求的方案。在很多实际复杂问题中，不光要评估各个方案，还应对方案与目标进行深入分析，以便后续方案调整与优化以实现更佳的评估论证。探索性评估论证理论体系中分析与优化占据重要位置的一个环节。本章探讨了目标集分析、方案分析与优化等问题。

6.1　目标集分析

目标集是评估论证中的重要尺度，其对于决策者来说是项重要的决策依据，但很多实际问题的目标集是高于三维的，如何把三维以上的目标集区域显示表达出来对于后续人机交互式分析有重要意义。分明型目标集实际是多个超盒并集而成，非分明型只是超盒上加了一个维度，即程度、信度与频度维度。因此，目标集的显示也即多维超盒的显示。关于多维超盒的显示方式通常包括平行坐标、雷达图、超盒展开[①]等。通过多维可视化手段可以把多维数据展开成二维显示的数据，便于决策者对目标需求进行直观分析。相关多维数据显示方法可以参看相关文献与软件工具。本节提出了单调型目标集的特征向量分析方法，通过一向量刻画目标集的一些特性，其本质也是一种降维分析方式。

有时需要宏观的感知对各指标需求的状况，对于三维以下的可以直接通过图形来直觉感知。但是，对于多维的情况，其显示就较为困难。因此，我们定义一个目标集的特征向量来表征目标集的空间特性。图 6.1 所示为导弹武器的指标空间与目标集，从图中可以看出，威力半径能力要求较高。如果是多维的则很难通过直观获取这一信息，因此定义了特征向量来表征目标集的空间特性。

这类运算是在单调向量空间中某一封闭连续区域内求解一特征向量，使得空间内向量点在此特征向量上的投影能够具有最大区分度，即这一封闭区域外点的投影点与区域内点的投影点在特征向量方向上有最大程度的区分，如图 6.2 所示。

---

① Alphen B. The Hyperbox IEEE Grapthics, 1991.

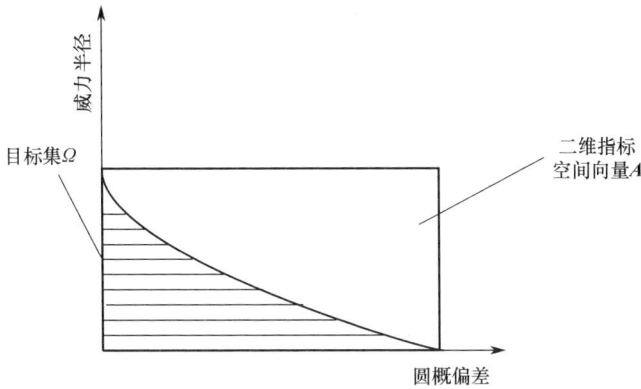

图 6.1　导弹武器的指标空间与目标集

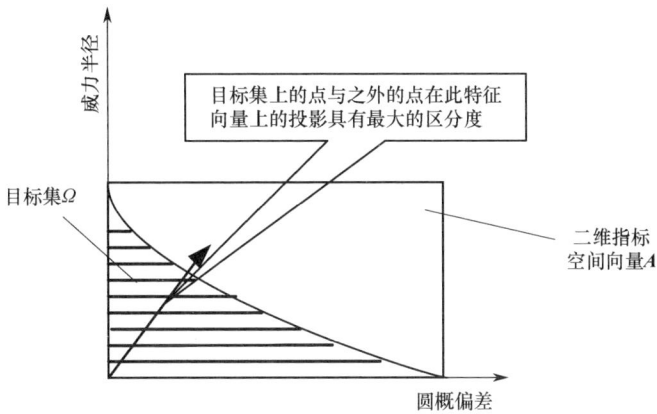

图 6.2　特征向量示意图

图 6.2 形象地表示了投影运算的基本原理，其实质是把目标集这一多维空间区域用一个特征向量表征，便于后续分析。求特征向量即是要求解一个优化问题：

令 Ω 是目标集，A 是整个单调指标空间，$\overline{\Omega} \cup \Omega = A$；我们的要求就是求向量 $\boldsymbol{F}$，使得 $\overline{Pl}$ 与 Pl 中的向量点在 $\boldsymbol{F}$ 上的投影具有最大的区分度。

设 p 为 P 中的向量点，令

$$\operatorname{sign}(p,\boldsymbol{F}) = \begin{cases} -1 & (<p,\boldsymbol{F}> \leqslant \|\boldsymbol{F}\|^2) \\ 1 & (<p,\boldsymbol{F}> > \|\boldsymbol{F}\|^2) \end{cases}$$

特征向量 $\boldsymbol{F}$ 就是使 Va 取最小值：

$$Va = \frac{(\int_{\Omega} \frac{1+\operatorname{sign}(p,\boldsymbol{F})}{2}\mathrm{d}p + \int_{\overline{\Omega}} \frac{1-\operatorname{sign}(p,\boldsymbol{F})}{2}\mathrm{d}p)}{\int_{A}\mathrm{d}p}$$

如果各维是离散的，那么只需用累加求和，无需积分计算。对于实际问题一般只能通过数值方法求解特征向量，例如用蒙特卡罗积分与进化优化算法近似求解特征向量。还定义 2-Va 为特征值，表示此特征向量的区分能力，如果特征值较小，说明此向量区分能力较差，通常进行区域分割，求出局部区域特征向量与特征值。

特征向量可用来刻画目标集的空间特征，了解哪些指标要求更高。当特征值较大，特征向量有较好的区分度时，可以通过特征向量的指向判断各维的需求情形。另外，也可以用来做指标的关联性分析。

6.2   方案属性分析

方案属性是对方案本质特征的量化表达，方案属性分析对于刻画问题的机理，找到满意的评估论证方案具有重要意义。方案属性分析范围涵盖较广，本书主要探讨方案属性的敏感性、关联性、基于目标的差距与协调性等的分析。

6.2.1   方案属性的敏感性与关联性分析

方案属性是刻画方案的量化特性。方案属性的敏感性也是方案属性发生变化后对方案总体价值的影响程度。例如，对于某型战斗机其隐身性即 RCS 在一定区域内的变化对空战结果影响较大，则 RCS 具有较强的敏感性，提高 RCS 水平对提高空战效能至为关键。通过敏感性分析可以了解哪些是关键的，对评估论证结果影响较大，哪些是次要的。这样便于方案的优化调整，以及针对性的提高方案的稳健性，使敏感性大的属性始终波动在较佳的区间当中。关联性也是在敏感性的基础上的延伸，表示一个量的不同取值对另一个量敏感性等特性的影响程度。很显然，如果方案属性与评估准则之间能建立精确的量化解析关系，那么完全可以利用强大的数学分析手段（导数、微分等）去进行敏感性与关联性分析，然而实际评估论证问题大部分是复杂问题，问题中各要素关系难以用普通的解析式表达，往往只能通过非解析的多种手段近似描述[①]，因此精密解析的敏感性与关联性分析难以奏效。本章主要探讨非解析的手段进行敏感性与关联性分析，对于能够解析分析的问题，可以参看相关数学分析方面的文献。

在进行评估论证时，首先要做的敏感性分析是筛选对评估结果具有主要影响关系的属性，根据实际问题的 2-8 原理，往往 80%的效应由 20%要素导致，因此在进行属性分析时，筛选掉不重要的属性因素，这是敏感性分析的第一

---

① 例如，数值模型、实验手段、人机交互判断手段等。

步。文献针对单调型属性①，提出一种分支定界法②，该方法通过块筛选获取敏感度较大的因素，去掉不敏感的因素。文献进一步提出了一种区域分支定界法③，把方案属性不敏感的区域标识出来，对于属性敏感区域应加强分析，尽可能减少方案属性在这类区域的不确定性，使方案更加稳健；对于不敏感的区域只要用一个代表点，即可代替此区域进行分析，达到了区域筛选的目的，极大地减少了计算量。关于属性筛选方面的相关算法，可以参见相关文献，本书不再赘述。本章主要探讨了运用 2^k 因子实验设计与分析手段求出属性的主效应（属性敏感性），以及属性间的交互效应（属性间的关联性分析）。

在做方案的敏感性与关联性分析之前，先把问题分析规范成 $Y = f(x_1, x_2, \cdots, x_n)$ 的形式，其中 Y 是某项评估准则或者是最终的方案评估结果，在此统称为评估值，x_i 为方案的第 i 个属性。方案属性敏感性与关联性分析即为分析 x_i 对 Y 的影响程度，以及属性之间影响关系。当然，f 只是一个映射关系，没有解析形式。本章中的属性的 2^k 因子实验设计分析即为，每个属性 x_i 只取两个水平，即只取两个值。这些水平可以是定量的，也可以是定性的，一个因素的"高"水平和"低"水平或者一个因素的出现和不出现。这类设计的一个完全的重复需要 $2 \times 2 \times \cdots \times 2 = 2^k$ 个组合并得到 2^k 评估值，这些组合为实验点，假设 $k=2$，例如只有 A 与 B 两个属性，每一属性以两个水平进行试验。这种设计称为 2^2 因子设计。属性的水平可以随意称为"低的"和"高的"。属性的效应用大写拉丁字母表示。这样，"A"表示属性 A 的主效应，"B"表示属性 B 的主效应，"AB"表示 AB 交互效应。在 2^2 设计中，A 与 B 的低水平与高水平分别在 A 轴与 B 轴上以"−"和"+"表示。在本章中，属性的主效应即为属性的敏感性，属性间的关联性即为属性间的交互效应。

1. 主效应的计算

求 2^k 个属性组合点的评估值，如表 6.1 所列，R_i 为第 i 个组合的评估值。

属性 j 的主效应是指在固定其他所有属性水平的情况下，j 属性由"−"水平向"+"水平转化所导致的评估值变化的平均值。以 2^3 个属性设计为例，属性 1 的主效应为

$$e_1 = \frac{(R_2 - R_1) + (R_4 - R_3) + (R_6 - R_5) + (R_8 - R_7)}{4}$$

注意在属性组合点 1 和 2，属性 2 和属性 3 是保持不变的，同样在属性组合

---

① KLEIJNEN B B. Searching for important factors in simulation models with many factors: sequential bifurcation[J]. European Journal of Operational Research, 1996, 96 (1): 180-94.
② 又译为序列分支法（Sequential Butterflication）。
③ 胡剑文. 作战仿真实验理论、平台与应用[M]. 北京：国防工业出版社，2016.

点 3 和 4 以及 5 和 6 以及 7 和 8，属性 1 从"−"水平向"+"水平转化，而属性 2 和属性 3 所取的水平值是固定不变的。

同理，可以求得属性 2 的主效应和属性 3 的主效应分别为

$$e_2 = \frac{(R_3 - R_1) + (R_4 - R_2) + (R_7 - R_5) + (R_8 - R_6)}{4}$$

$$e_3 = \frac{(R_5 - R_1) + (R_6 - R_2) + (R_7 - R_3) + (R_8 - R_4)}{4}$$

由上式可以看出 e_j 是 j 属性在"+"水平时的平均评估值和 j 属性在"−"水平时的平均评估值的差额，因此可以使用另一种简便方法来计算 j 属性的主效应，即将设计矩阵中的"+"和"−"认为是+1 和−1，将属性 j 列的数值和评估值列相应行的 R_i 相乘，再将乘积加起来，然后除以 2^k-1 来表示 e_j。

e_1 可以表示为

$$e_1 = \frac{-R_1 + R_2 - R_3 + R_4 - R_5 + R_6 - R_7 + R_8}{4}$$

用同样的方法可以求得 e_2 和 e_3。

表 6.1 2^3 属性设计

属性组合点	方案属性			评估值
	属性 1	属性 2	属性 3	
1	−	−	−	R_1
2	+	−	−	R_2
3	−	+	−	R_3
4	+	+	−	R_4
5	−	−	+	R_5
6	+	−	+	R_6
7	−	+	+	R_7
8	+	+	+	R_8

2. 交互效应的计算

主效应估计的是单独一个属性的变化引起的评估值输出变化的平均值，这种变化遍历所有其他 $k-1$ 个属性的组合，因此共有 2^{k-1} 个，但是有可能属性 j_1 对评估值输出的影响可能在某种程度上依赖于其他属性。在这种情况下，这两种属性是交互的，用两属性交互作用 $e_{j_1 j_2}$ 来衡量这种交互作用，并将其定义为当将其他属性固定，属性 j_2 在"+"水平时的平均评估值和"−"水平时的平均评估值差值的 1/2。例如：

$$\begin{cases} e_{12} = \dfrac{1}{2}\left[\dfrac{(R_4 - R_3)+(R_8 - R_7)}{2} - \dfrac{(R_2 - R_1)+(R_6 - R_5)}{2} \right] \\[3mm] e_{13} = \dfrac{1}{2}\left[\dfrac{(R_6 - R_5)+(R_8 - R_7)}{2} - \dfrac{(R_2 - R_1)+(R_4 - R_3)}{2} \right] \\[3mm] e_{23} = \dfrac{1}{2}\left[\dfrac{(R_7 - R_5)+(R_8 - R_6)}{2} - \dfrac{(R_3 - R_1)+(R_4 - R_2)}{2} \right] \end{cases}$$

以 e_{13} 的计算公式为例，从设计矩阵可以看出属性 3 在属性组合点 5、6、7、8 始终保持在"＋"水平，其中属性组合点 5 和 6，7 和 8 中属性 1 从"－"变化至"＋"水平。在 e_{13} 中第一部分表示当属性 3 固定在"＋"水平时，属性 1 从"－"变化至"＋"水平的平均评估值变化，第二部分表示的是当属性 3 固定在"－"水平时，属性 1 从"－"变化至"＋"水平的平均评估值变化，这两部分的差即是属性 1 依赖于属性 3 选取不同水平时在评估值中的效果差，这个差的 1/2 就是属性 1 和属性 3 的交互效应。

同主效应一样，对于属性交互作用的计算，我们也提供一个根据设计矩阵进行简便计算的方法。如果按照 R_i 的升序重新排列上面所求得的 e_{13} 的表述，则

$$e_{13} = \frac{R_1 - R_2 + R_3 - R_4 - R_5 + R_6 - R_7 + R_8}{4}$$

在设计矩阵中增加一个新的列，标记为 1×3，列中的 8 个符号用第 i 行中属性 1 的符号乘以属性 3 的符号（同号相乘得"＋"，异号相乘得"－"），使用这一列符号按照主效应的简便计算方法，得

$$e_{13} = \frac{R_1 - R_2 + R_3 - R_4 - R_5 + R_6 - R_7 + R_8}{4}$$

可以看出，和整理过的对 e_{13} 计算结果是一致的。属性 1 和属性 3 的交互作用还可以认为是属性 1 和属性 3 处于同水平的平均评估值和处于不同水平的平均评估值的差。需要注意的是两属性交互效应是完全对称的，即有 $e_{13}=e_{31}$、$e_{12}=e_{21}$ 和 $e_{23}=e_{32}$。

当然，在属性设计中还存在三阶或更高阶的属性交互效果，例如，在 2^3 属性设计中，三属性交互效应就定义为在属性 3 处于"＋"水平时属性 1 和属性 2 的两属性交互效应和属性 3 处于"－"水平时，属性 1 和属性 2 的两属性交互效应差值的 1/2，即

$$e_{123} = \frac{1}{2}\left[\frac{(R_8 - R_7)-(R_6 - R_5)}{2} - \frac{(R_4 - R_3)-(R_2 - R_1)}{2} \right]$$

$$= \frac{-R_1 + R_2 + R_3 - R_4 + R_5 - R_6 - R_7 + R_8}{4}$$

同上面介绍的主效应和两个属性交互效应简便计算方法相同，先将属性 1、

93

2、3 第 i 行的符号相乘，获得相应的三属性交互效应计算符号后，再将相应行评估值与计算符号相乘之后相加，就可以计算出 e_{123} 的三属性交互作用，除数还是 $2^k–1$。三属性或更高阶属性的交互作用也是对称的，即有 $e_{123} = e_{132} = e_{231}$。

3. 方案属性的主效应与交互效应计算示例

本示例为一枚导弹打击方案中各个方案属性敏感性与关联性计算示例。每个方案有 3 个关键属性，每个属性有两个取值。

（1）发射导弹的数量：8（−），16（枚）（+）；

（2）导弹的圆概率偏差：100（−），300（m）（+）；

（3）导弹的毁伤半径：100（−），300（m）（+）。

每个方案的评估值是对敌目标的毁伤面积，本示例研究的属性敏感性与关联性，即各种方案对敌方目标打击效果的敏感性与关联性。下面采取上述的算法进行解算。

按照上述因素水平进行 2^3 因子设计，每个属性组合点进行 5 次重复实验，实验设计矩阵及平均响应水平如表 6.2 所列。

表 6.2　组合设计

属性组合点	实验因素			平均目标毁伤面积
	发射数量	CEP	威力半径	
1	−	−	−	61142.81
2	+	−	−	62345.68
3	−	+	−	52244.19
4	+	+	−	54096.09
5	−	−	+	62242.67
6	+	−	+	62296.62
7	−	+	+	60572.68
8	+	+	+	63195.07

通过计算可以得到各因素的主效应及交互效应：

$$e_{发射数量} =$$

$$\frac{-61142.81+62345.68-52244.19+54096.09-62242.67+62296.62-60573.68+63195.07}{4}$$

$$=1432.528$$

$$e_{CEP} =$$

$$\frac{-61142.81-62345.68+52244.19+54096.09-62242.67-62296.62+60573.68+63195.07}{4}$$

$$=-4479.69$$

$e_{威力半径} =$

$$\frac{-61142.81-62345.68+52244.19+54096.09-62242.67-62296.62+60573.68+63195.07}{4}$$

=4619.818

通过上面介绍的方法可以得到各因素交互效应因子水平值如表 6.3 所列。

表 6.3　各因素交互效应因子水平值

属性组合点	各类组合						
	发射数量	CEP	威力半径	1×2	1×3	2×3	1×2×3
1	−	−	−	+	+	+	−
2	+	−	−	−	−	+	+
3	−	+	−	−	+	−	+
4	+	+	−	+	−	−	−
5	−	−	+	+	−	−	+
6	+	−	+	−	+	−	−
7	−	+	+	−	−	+	−
8	+	+	+	+	+	+	+

继而可以计算：

$e_{12} =$

$$\frac{+61142.81-62345.68-52244.19+54096.09+62242.67-62296.62-60573.68+63195.07}{4}$$

=804.1175

$e_{13} =$

$$\frac{+61142.81-62345.68+52244.19-54096.09-62242.67+62296.62-60573.68+63195.07}{4}$$

=−94.8575

$e_{23} =$

$$\frac{+61142.81+62345.68-52244.19-54096.09-62242.67-62296.62+60573.68+63195.07}{4}$$

=4094.418

$e_{123} =$

$$\frac{-61142.81+62345.68+52244.19-54096.09+62242.67-62296.62-60573.68+63195.07}{4}$$

=479.6025

通过对因子主效应和交互效应的计算，可以看到导弹毁伤面积随发射数量、威力半径的增加而增加，随 CEP 的增加而降低。发射导弹数量和威力半径交互作用不明显，发射导弹数量和 CEP 有一定交互作用，而 CEP 和威力半径交互作用明显，有很强的关联性，如图 6.3～图 6.5 所示。

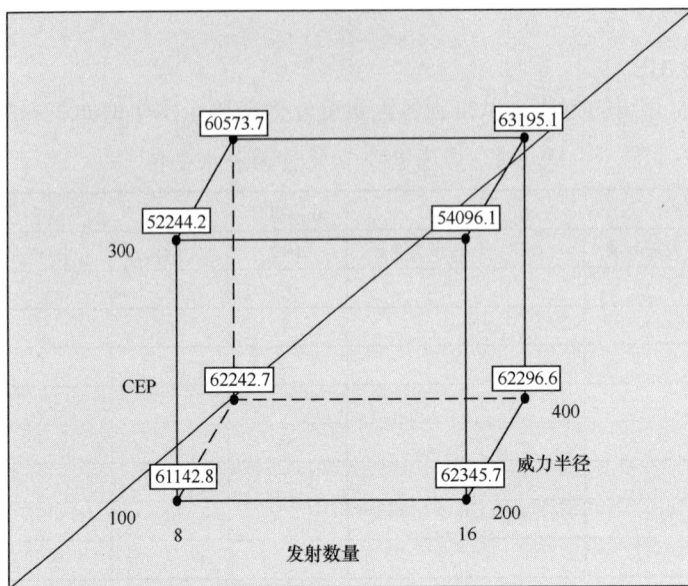

图 6.3　目标毁伤面积的立方图

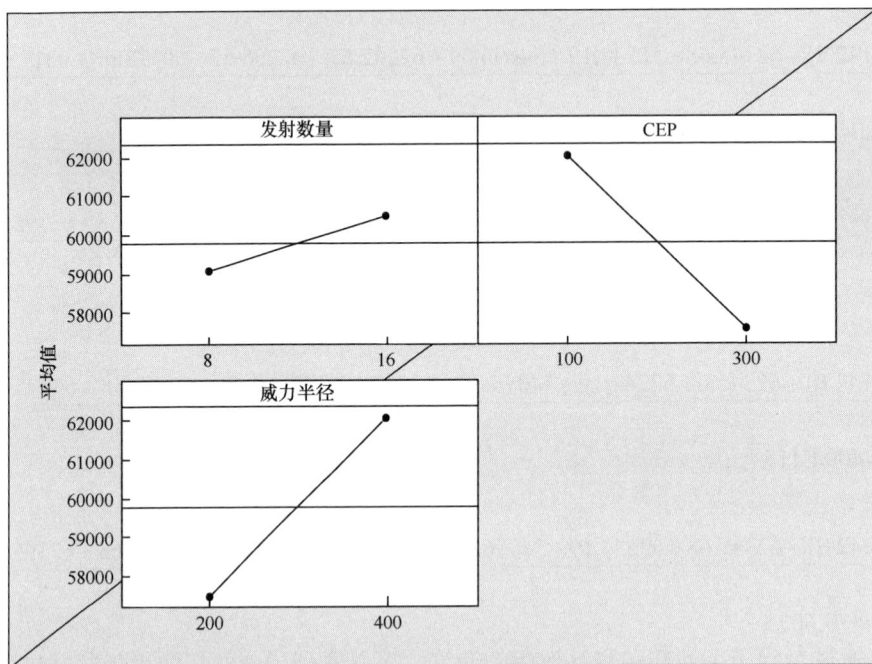

图 6.4　目标毁伤面积主效应图

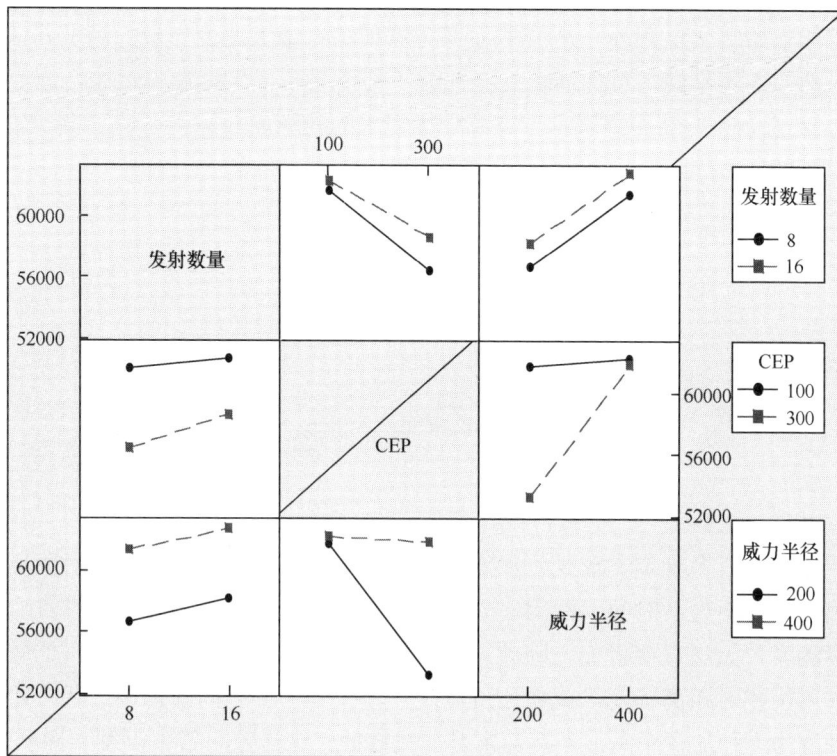

图 6.5　目标毁伤面积交互作用图

上面重点探讨了基于 2^k 实验设计与分析的属性敏感性与关联性分析方法。该方法实现简单，结果清晰明了，适合较为宏观的整体分析。另外，一些经典的实验设计与分析方法也可以更深入地进行属性的敏感性与关联性的分析，例如形式多样的多水平 N^k 实验设计并结合相应的数理分析、OLAP 分析、数据挖掘分析方法，都能应用到属性的敏感性与关联性分析当中，相关方法的详细介绍，可以参看文献有关文献[①]。

6.2.2　属性的差距与协调性分析

1. 属性的差距分析

在评估论证当中，如果方案评估的结果不佳，尚未满意地达到目标需求，则往往要分析是哪些方案属性存在差距，这样便于找到短板，优化方案，或者找到较佳的优化路径。属性的差距分析即为计算方案属性距离属性目标集的差距值。求出要花多大的代价才能优化方案属性，使得方案能满足目标需求。例如，某飞

---

① 胡剑文. 作战仿真实验理论、平台与应用[M]. 北京：国防工业出版社，2016.

行器目标集如图 6.6 所示，P 点表示某方案的关于最大速度与最大高度属性的取值，显然该方案不满足目标需求（在此为了便于显示，坐标反转过来，原点是最优点），P 点到目标集距离表示方案离目标需求的差距。

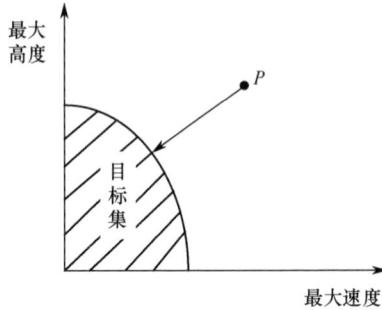

图 6.6　属性差距示意图

差距可以有多种定义形式，如属性空间中归一化的绝对距离、相对距离、加权距离、代价距离（时间、费用、人力成本等代价）等。由于各个属性具有不同的实际涵义，无法直接累加。因此，各个属性的距离计算需要统一到可比较的标度，如可用相对距离标度，或者还可以统一转换到一个相同的量中。代价距离也可以理解为一种加权距离，当然通常是非线性的。这样差距值可以统一标度。

可以形式化定义属性差距值函数，令 $D(X_0, X)$ 表示属性向量从 X_0 到 X 的差距值，X_0 与 X 都属于属性空间的向量点，Ω 为目标集。差距值如上所述可以有多种形式表述，但无论何种形式，$D(X_0, X)$ 都具有单调性，即如果 $X_2 \succ X_1 \succ X_0$，则 $D(X_0, X_2) \geqslant D(X_0, X_1) \geqslant 0$，定义 X_0 到目标集差距函数为

$$f_{\mathrm{d}}(X_0, \Omega) = \begin{cases} \inf\{D(X_0, X), X \in \Omega\} & (X_0 \notin \Omega) \\ -\inf\{D(X_0, X), X \notin \Omega\} & (X_0 \in \Omega) \end{cases}$$

如果方案属性向量点 X_0 在目标集外，很显然其差距函数值为到目标集最小代价值，此值越大表示距目标越远。如果 X_0 在目标集内，可以定义为一种负的差距，距离边界越小，越稳健，差距值越小。很显然，$f_{\mathrm{d}}(X_0, \Omega)$ 越小，方案距目标需求越近，或者在目标需求内越稳健，距边界越远。

在实际问题中，又往往无法精确的描述方案属性，只能用概率或信度函数来描述。这样方案与目标需求的概率期望距离计算如下：

$$E(f_{\mathrm{d}}(X, \Omega)) = \int_{A^n} f_{\mathrm{d}}(X, \Omega)\mathrm{dFP}(X)$$

式中：$E(f_{\mathrm{d}}(X, \Omega))$ 为期望距离；$\mathrm{FP}(X)$ 为方案的属性分布函数。

若方案属性是用信度分布函数表示，可以基于以下定理求解。

定理 6.1　若目标集为严格的单调减集[①]，并记为 $\boldsymbol{\Omega}^-$，则 $E(f_d(\boldsymbol{X},\boldsymbol{\Omega}^-)) = \int_0^1 f_d(\xi_1^{-1}(\lambda),\xi_2^{-1}(\lambda),\cdots,\xi_n^{-1}(\lambda),\boldsymbol{\Omega}^-)\mathrm{d}\lambda$

式中：$\xi_i(X_i)$ 为方案第 i 个属性的正则信度分布函数；$\xi_i^{-1}(\lambda)$ 为信度是 λ 的反函数。

证明参见附录二。如果目标集不是严格的单调集，则可以通过蒙特卡罗方法近似求解期望值。

2. 属性的协调性分析

属性的协调性是指方案各属性是否协调，如果某些属性取值很好，而有的却很差则说明方案属性不太协调。协调性的计算基于上述的距离计算，通过综合分析各维属性的差距值来求解方案的协调性，如图 6.7 所示。

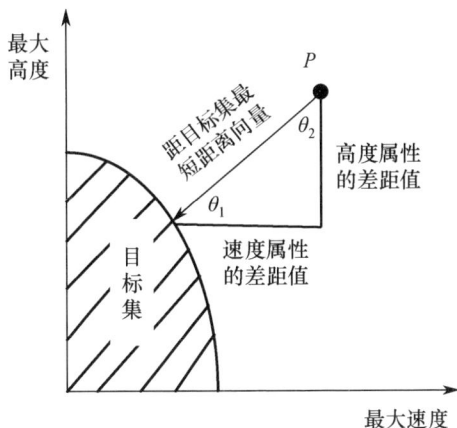

图 6.7　属性协调性示意图

假设上例中的二维属性向量空间初始属性取值在点 P 上，显然不在目标集内，$\boldsymbol{L}$ 为 P 点到目标集的最短距离向量[②]，θ_1,θ_2 为向量 $\boldsymbol{L}$ 与各维的夹角，很显然，$\cos^2\theta_1 + \cos^2\theta_2 = 1$，定义 P 点上属性的协调性测度 $C = \sum_{i=1}^{N} -\cos^2(\theta_i)\log_2(\cos^2(\theta_i))$（$N=2$），显然 θ_1 与 θ_2 差异越大，属性协调性测度 C 值越小，极端情况下，当某个角为 90°，另一个角为 0° 时，最不协调，$C=-1$，最小值，最不协调。当两个角都是 45° 时，$C=1$，最大值，最协调。对于多维属性空间，同理。

---

① 通常统一转换成单调减集。
② 在此也是上节中的广义距离，此例只是示意性说明。

6.3　方案空间元素的贡献度分析

在探索性评估论证框架中，方案存在于结构化的方案空间中，即每一方案，都具有相同的维度，不同的方案是由不同维度取值构成的。那么各维度不同的取值，对整体方案价值的贡献度是多少呢？如在分布式信息处理体系中，每个方案都是由不同的主机、网络设备、分布设备组合而成，如何确定不同型号的设备对于整体效能的贡献度呢？本节借鉴 2^k 实验设计与分析方法求解方案空间各维度元素的贡献度。

假设方案空间有两个维度 A、B，A 维有两个取值（A_1，A_2），B 维有两个取值（B_1，B_2），这样方案空间具有 4 个可选方案，分别是 A_1B_1，A_1B_2，A_2B_1，A_2B_2。方案元素的贡献度，可以理解为当方案调整改进后，产生的价值差的贡献比率。那么，各个元素的调整对这一价值差贡献度是多少呢？贡献度分析对于探索理解方案空间各要素的影响机理有重要意义，为后续方案优化调整提供一定的支撑。贡献度的计算采用 6.2 节中的 2^k 实验设计与分析方法。2^k 实验设计与分析主要是把实验因子二分取值，可记为+1，−1 两种取值，如果有 k 个因子则最多有 2^k 个实验样本，通过全因子析因的组合实验设计与分析可以求出各个因子的主效应以及因子之间的各阶交互效应。

二维度的方案空间 AB，其中 A_1B_1 是基准参照系，设其效能为 0，如果改进发展方案，从 A_1B_1 变成 A_2B_2 组合，则新效能值为 E，那么从 0 到 E，A，B 各有多大的贡献度呢。根据主效应与交互效应理论计算贡献度如下：首先计算各自的主效应，对于交互效应采取均分取值的方式。假设通过 2^k 试验设计与分析方法获取，A 的主效应为 S_A，B 的主效应为 S_B，A 与 B 的交互效应为 S_{AB}。则 A 的贡献率为 C_A：$C(A) = \dfrac{S_A + \dfrac{S_{AB}}{2}}{S_A + S_B + S_{AB}}$，$B$ 的贡献率为 C_B：$C(B) = \dfrac{S_B + \dfrac{S_{AB}}{2}}{S_A + S_B + S_{AB}}$。对于多因子情形，同理处理。对于交互效应采用了平均分配的原则，也即认为交互作用产生的效应是交互方平等起的作用，如图 6.8 所示。

6.4　探索性方案优化

方案优化是指在方案空间中，在资源有限的情形下，不断调整方案，直至找到满意或接近目标需求的方案。探索性评估论证中的方案优化方法与传统的规范性，"硬"的数学优化方法的主要区别是更强调人机交互，方案生成与调整人机结合，方案评估也是人机结合。众多的实际复杂问题的方案优化调整迭代，以及调整优化后的方案评估是无法由计算机全自动方式进行的。如果把实际问题简化抽象成纯数学优化问题，则会造成极大的失真，得出的最优解只是相应数学模型的最优解，不一定是实际问题的最优解，甚至连满意解与可行解都算不上。探索性评估论证中的方案优化方法是一种人机交互式的优化方法，尽管优化求解效率远不如计算机自动搜索优化，但其复杂的特性可以运用人机结合的方式得到满意解。

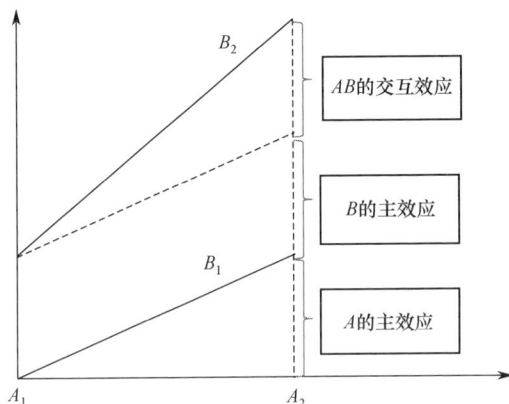

图 6.8　贡献度示意图

探索性优化思想就是人机结合的方式调整方案，使其尽可能符合目标需求，也即使评估指标分布在目标集内。其基本优化方式可以用下例示意性简要说明。如图 6.9 所示，A_1、A_2、A_3、A_4 四个优化方向，都可以使方案属性指标与目标集符合程度提高，即都可以优化方案，而对于实际问题，在所有指标方向上同时进行优化往往是不现实的。图中的 A_2 优化效果最好，但它要求同时优化指标 1 和指标 2，由于资源限制，往往难以同时优化。A_1 和 A_3 两种方案优化方向都是在保持一个指标不变的情况下，提高另一个指标以达到优化方案的目的，A_4 则是在资源有限的情况下，提高一个敏感性强指标（指标 1），放松另一个敏感性弱的指标（指标 2），以达到方案总体优化。该优化方式，体现了一种优化权衡的分配思想。在优化实施过程中可以通过 6.3 节介绍的方法对方案属性、方案元素的贡献率进行深入分析，以找到满意方案。

在实际复杂评估论证问题的方案优化中，往往关系错综复杂，这需要决策者在计算机辅助分析工具的帮助下，深刻认识问题的作用机理，进行方案优化，而不是用过于简化的数学或计算机模型自动优化求解。图 6.10 所示为探索性评估论证的优化框架结构，分为目标声明层、目标准则层、优化变量层，其中优化变量为方案的可控要素。通过敏感性、关联性以及贡献度分析，可以确定相关要素之间的影响关系，图6.10定性描述了相应的影响关系。实际问题往往错综复杂，这就需要评估论证人员在外部分析工具的辅助下，深入理解问题的本质规律，创造性地不断迭代探索、调整方案，直到找到较为满意的问题解决方案。基本优化原则如下：

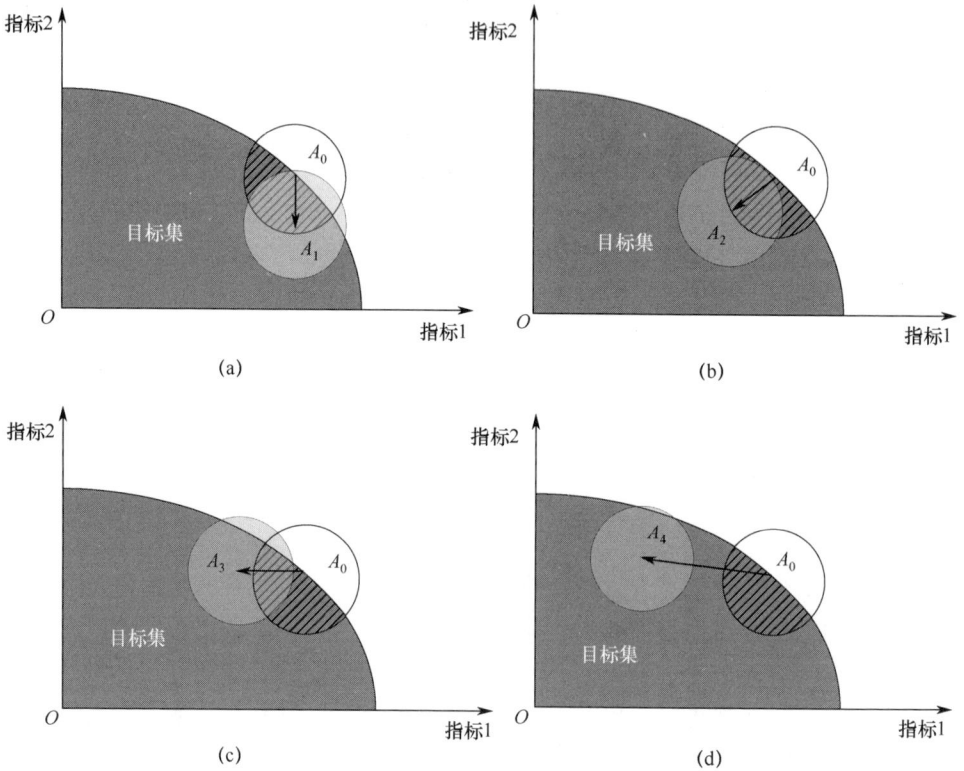

图6.9　二维目标集的4种优化方向

（1）选择灵敏度高、贡献率大的影响因素作为主调节因素，以期以较小的资源代价获取方案满意解。

（2）通过增加对评估结果具有高灵敏度、大贡献率因素进行资源配比，在资源有限的情形下，可以同时降低灵敏度低、贡献率小的因素的资源配比，来以基本不变的总资源支出获得满意的优化方案。

（3）反复人机交互式迭代试探，在有限的步骤里找到满意解。

例6.1　夺取局部制空权作战计划方案探索性优化

第一步，建立问题优化框架，即：目标声明-目标准则-方案结构优化关联模型，如图6.11所示。

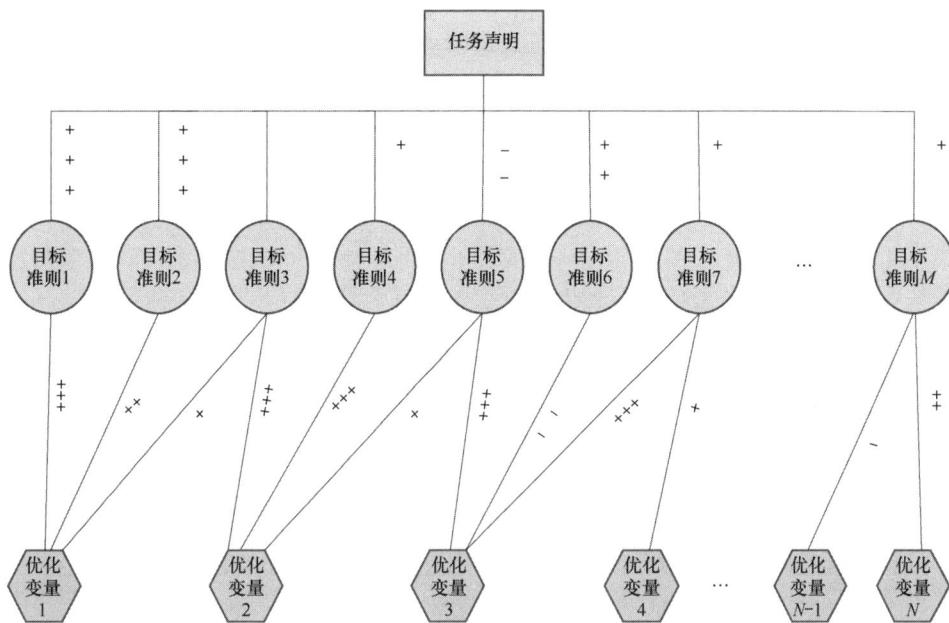

图 6.10　探索性优化框架

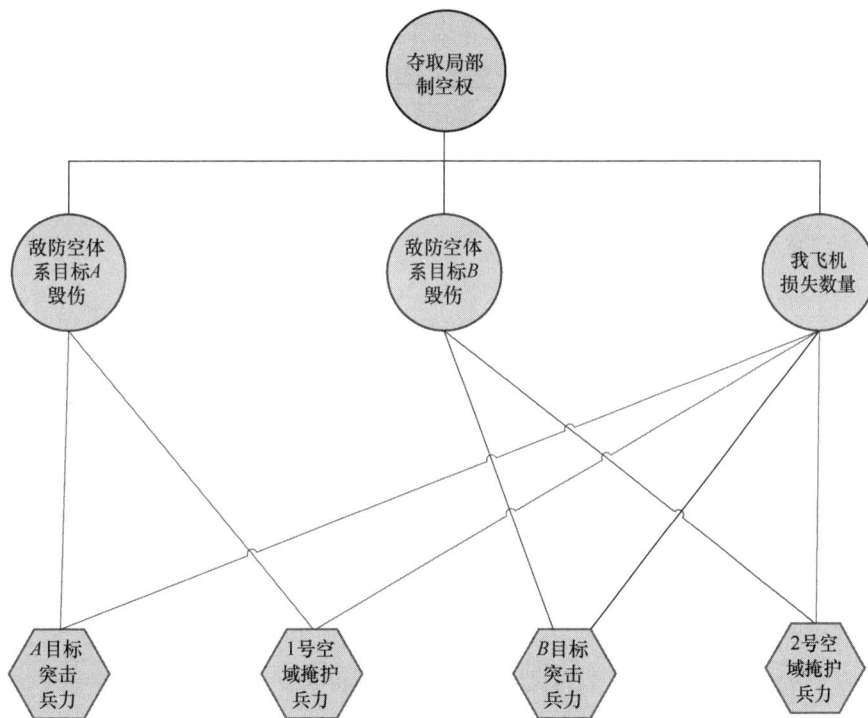

图 6.11　夺取局部制空权优化案例框架结构

夺取局部制空权是总目标，即目标声明。夺取局部制空权这一目标，由 3 个目标准则标度，即敌方防空体系目标 A 与敌防空体系目标 B 的毁伤率，以及我方的损失数量。优化因素是方案层的可控量，即 A 目标的突击兵力数量、1 号空域的掩护兵力数量、B 目标的突击兵力数量、2 号空域的掩护兵力数量。各层之间的关系是：目标声明与目标准则间由多专家主观判断建立影响关系，进而生成毁伤率与损失率等准则的目标集。通过对抗推演的手段建立方案变量与目标准则之间关系，即计算相关毁伤率与损失率。

第二步，方案评估。由于本问题既无法建立解析模型，也无法建立可信度高的仿真模型来刻画方案与目标间的关系，所以传统的自动探索优化方法不适用。在此，方案优化人员在计算机辅助下，通过对抗推演的方式分析方案与目标的影响关系，并给出各种方案对应目标准则的概率或信度分布函数，然后按照第 5 章评估手段进行方案评估。如果达到相应的评估效能值则找到了满意方案，优化停止。

第三步，若方案无法达到目标要求，则进行方案分析，按 6.3 节的分析方式，确定相关的敏感性、关联性、贡献率等，定性描述如图 6.12 所示。从图中可以看出，敌防空体系目标 A 对于整个计划任务的完成具有较高的正向敏感度，同我飞机损失数量对任务目标具有较强的反向敏感度，敌防空体系目标 B 对任务目标不敏感，提高目标 A 的毁伤效果可以快速地将方案调整至目标集内。

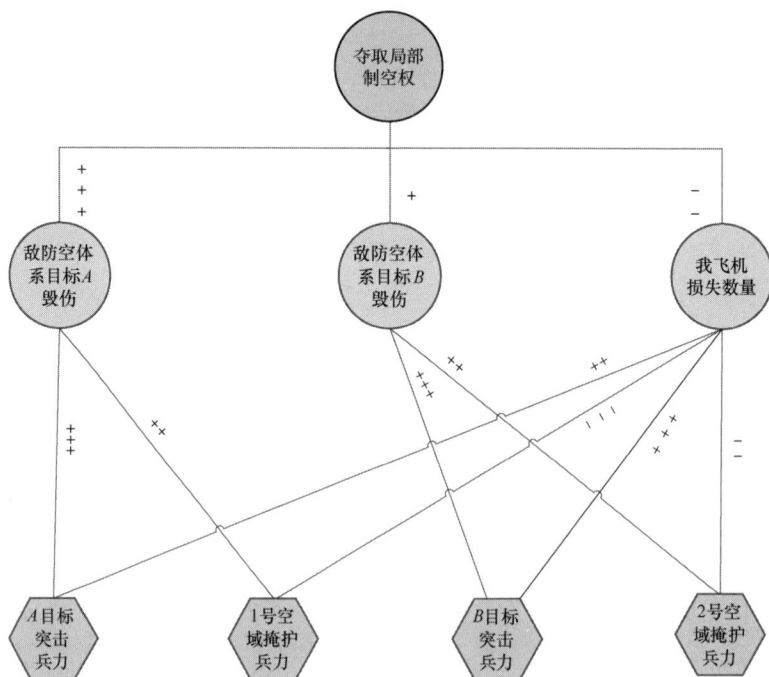

图 6.12　敏感性的定性描述

当然，上述的敏感性、关联性、贡献率等通常不是固定的，就是相同的属性在不同的取值区域也可能具有不同的敏感性、关联性等，因此每次迭代中，都要重新求解这些特性值。

第四步，按照上述优化调整原则，进行方案优化。

在兵力资源有限的情况下（突击 A 目标与突击 B 目标的总兵力是一定的），增加 A 目标的突击兵力数量就需要减少对其他目标突击兵力数量，也就意味着会降低其他目标的毁伤效果。为了保持局部夺取制空权任务的完成，我们减少目标 B 的突击兵力。因为目标 A 的毁伤效果敏感度远大于目标 B 的敏感度，因而整个方案的效能还是增加的。另外，增加 A 目标的突击兵力，减少 B 目标的突击兵力，还会减少总损失兵力，提高方案的效能。

第五步，按上述步骤反复迭代，直到找到满意方案。

6.5 方案的动态优化选择

前面几节所述的评估与分析优化问题，都是静态固定模式。而实际问题，有时必须考虑动态性。动态性是指方案所处的环境背景将会发生变化，这样方案评估论证的结果将会随之改变。这种变化可以分成以下两类：

第一类是目标需求发生了变化。随着时间推进，目标需求有可能发生变化，这样在原有目标集基础上的评估结果，将会发生变化。例如，在某系统方案评估证问题中，随着时间的推进，人们对系统的要求会发生变化，可能对某些评估准则（指标）要求提高，这样目标集发生了变化，显然评估的结果也会发生相应的变化，也就是说不一定保证曾经的满意可选方案一直是满意方案。

第二类是方案所处的环境发生变化。当外部环境发生变化，方案的属性与评估准则的分布将也会发生变化，这样也会导致评估结果发生变化，也即不一定保证某方案一直是满意可选的。

显然，满意方案应具有极强适应性，尽管需求与环境发生了变化，但其应具有保值性（始终符合目标需求）。实现保值可采取的方式也有以下两类：

第一类是静态方法。方案一直不改变，所选的满意方案具有很强的稳健性，不管外部条件如何变化，该方案一直是满意方案。该方法需要定义稳健性指标，以评估方案的适应性，示例如图 6.13 所示。假设某系统经历 3 个阶段的演进，各个阶段的目标集，以及方案属性指标的分布如图所示，很显然，A_0 方案具有更佳的动态稳健性，尽管每一个方案都不一定是取优方案，但在 3 个阶段都具有较满意评估结果。而 A_1 方案在阶段三，A_2 方案在阶段二表现都不佳，因此最终选择 A_0 方案。可以定义各个方案平均评估值（或加权平均评估值），或者最小评估值作为多阶段的评估指数，该指数也表征了方案的稳健性。

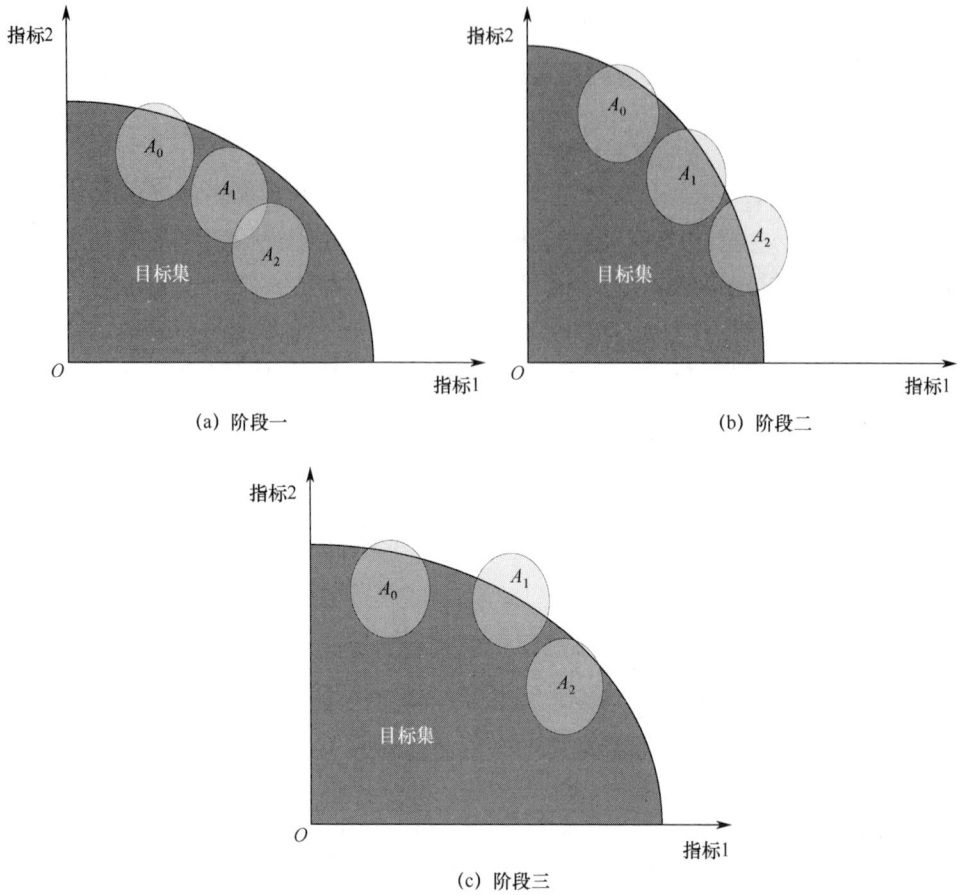

(a) 阶段一

(b) 阶段二

(c) 阶段三

图 6.13   多阶段的静态稳健方案示意图

第二类是动态方法。很多实际问题很难找到一个极强适应的问题解决方案。那只能采取与时俱进的方式，根据外部变化条件，不断地改变方案，保证方案随着时间变化价值不变。动态方法涉及方案的调整改变，因此较为复杂，需要确定方案调整的代价，并要采取动态的方法寻求满意问题解决方案。例如，图 6.14 中，A_0、A_1、A_2 三种方案都不具有较强的稳健性，显然在第一个阶段时，A_0 是满意方案，其他两个方案都不符合需求，而第二个阶段，A_0 则完全不符合要求，只能选择 A_1 或 A_2，而第三个阶段只能选择 A_2 方案。这样要采取动态调整的策略，有两种可能的调整方式：一种是：$A_0 \rightarrow A_1 \rightarrow A_2$；另一种是：$A_0 \rightarrow A_2 \rightarrow A_2$；如何选择调整方式依赖各自所花的代价①，最后代价最小的为最佳动态方案序列。在此

———————————

① 当然还应考虑评估结果的改进程度，权衡综合考虑代价与改进程度来选择，此例中暂不考虑改进程度，假定改进结果相差不大。

例中，如果 A_0 直接到 A_2 的调整代价大于 A_0 到 A_1 与 A_1 到 A_2 的代价和，则第一种动态调整序列是最佳的，否则选第二种。

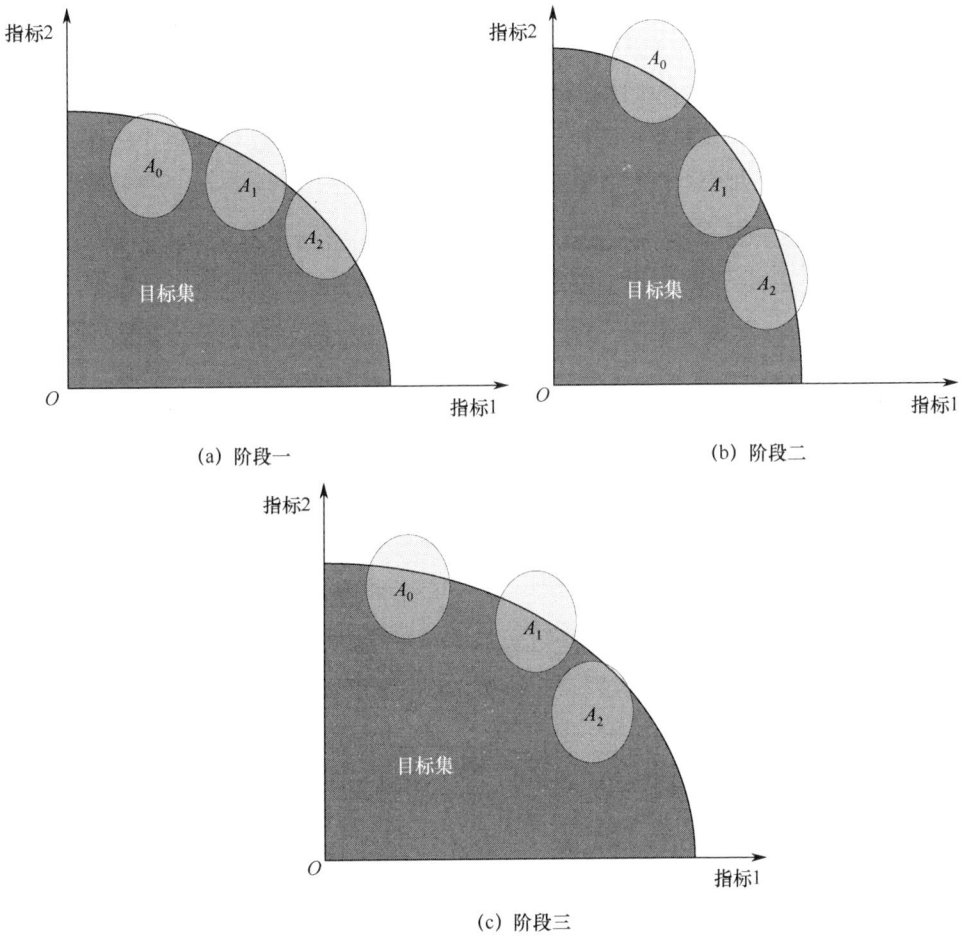

(a) 阶段一

(b) 阶段二

(c) 阶段三

图 6.14 多阶段的动态稳健方案示意图

第7章 探索性评估论证方法及其在体系工程中的应用研究

本章介绍 3 个体系背景的探索性评估论证问题。第一个问题是某抽象分布式信息处理体系的费效评估论证问题，该体系是一个抽象的微型体系，该示例主要说明探索性评估论证框架、方法与工具的应用问题。第二个问题是空中封控体系的关键装备的贡献率论证问题，这也是从实际问题中抽象出来的一个示例，旨在说明探索性评估论证方法对解决实际问题的参考价值。第三个问题借鉴了美国哈伯德博士在实际作战中解决的一个真实难题，即美军海军陆战队油耗的评估论证问题，该示例是整个美国海军陆战队后勤保障体系工程中的一个片断，也是探索性范式解决实际问题的一个典范，有重要的理论与实际意义。本示例并没有完全按照整个探索性框架模式展开，主要介绍了探索性评估论证中的分解、实验、交互以及解析计算、实物测量、模拟仿真、多专家综合判断等模式手段如何综合运用，以解决复杂实际问题。

7.1 体系与体系工程

体系（System of Systems）本质上是一复杂系统，它强调各系统的合成，它有以下几个特性：

（1）体系由多个相对独立的系统构成。

（2）体系中的各个系统既不完全独立，又不相互依存，但是它们有很强相互作用。

（3）体系中的各个系统协同完成同一个目标与使命。

（4）体系的分析与优化要从整体上考虑，而不是各个系统的简单叠加。

（5）体系是渐近演化发展的，具有动态性。

体系可以理解为各个系统的有机组合而成，因此可以从系统组合的角度定义体系：

定义 7.1 体系（SOS）为三元组 $SOS = \langle S, A, M \rangle$，其中 $S = S_1 \times S_2 \times \cdots \times S_N$，其中 S_i 为体系中第 i 个元素，每个元素代表一类元系统，S_i 可能有若干取值，代表不同的取值。A 为体系结构，代表体系中各系统的关联关系，M 为体系的运作机制。体系元素（系统）、体系结构、体系运用机制刻画一个体系的基本特征。

定义 7.2 体现了体系可以由各个元素组合而成，体系结构是一种静态关系，而运用机制是一种动态关系。例如，对于一个空中封控体系，预警探测系统为体系中的一要素，这一要素可以选择不同的装备型号，如 A 型、B 型、C 型预警系统；对于空战飞机也可以选择不同的装备，这样整个体系方案由各个元素的不同取值组合而成。体系结构就是各类装备关联交互关系，例如信息，物质与能量交互关系。体系运作机制，就是体系运行的规则、规律，包括战术原则，行动计划等。

体系工程就是体系开发、管理与应用的相关方法、理论、技术和过程[①]。显然，体系工程是一类特殊的系统工程，其具有自身的鲜明特色，也给传统的系统工程方法提出了挑战。主要由以下几个方面：

（1）规模相对较大，结构复杂。体系是由多个系统集成构建的，通常体系的规模较大，其把控难度也大，仿真建模与组织实验测试都较为复杂。

（2）内部交互复杂。体系不仅有着庞大的架构而且体系内部交互复杂且灵活，体系具有整体涌现性，单一的分而治之的还原论方法不适用。

（3）动态性强。体系自身与外部环境都在动态的变化，边界不固定，具有高度的不确定性，给体系工程也带来了很大的困难。

以上体系工程的主要难点就是不确定性与难确定性以致体系难以把控。体系评估论证是体系工程的核心问题之一，没有有效的评估论证也无法建设高效体系。显然，对于复杂体系的评估论证规范性范式方法论难以有效应用，而描述性范式求解问题效率低下，精确性差。探索性评估论证方法是一种减少与驾驭不确定性的综合集成手段，因此也为体系评估论证问题的提供了重要支撑。

运用探索性评估论证方法对体系进行评估论证时，把探索性评估的框架与体系描述的三元组框架结合起来，如图 7.1 所示。

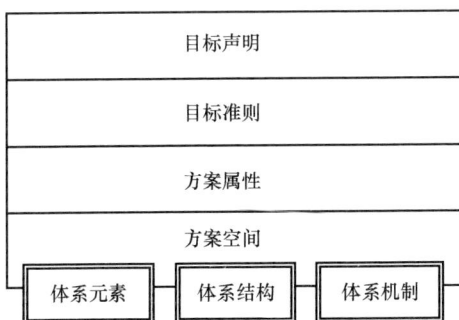

图 7.1 方案空间按体系架构展开

---

① 游光荣，等. 体系与体系工程若干问题研究[J]. 军事运筹与军事系统工程，2010.

图中，方案空间，即体系空间由体系三要素构建。方案属性即体系表现出来体系性能属性。目标声明即体系的使命任务描述，目标准则刻画这些使命任务的可测标度。

7.2 某抽象分布式信息处理体系的费效评估论证

本节运用探索性评估论证的思想、方法与工具于一抽象分布式信息处理体系的费效论证。尽管本示例是一个简化的概念上的案例，但从方法应用的逻辑角度上讲，完全可以用到真实的实际问题中。

7.2.1 问题背景

图 7.2 为一个分布式信息处理系统骨干结构，主要由三部分组成：主机，一般为大中型计算机；网络通信系统，主要是高性能的局域网络；分布处理机，一般为高性能微型计算机。

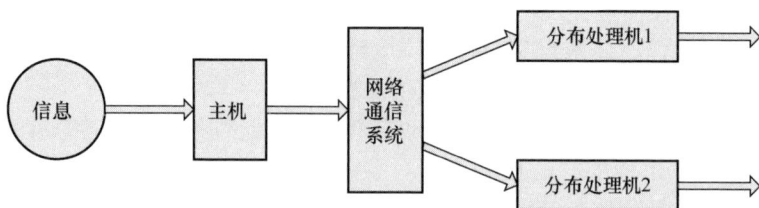

图 7.2　某抽象分布式信息处理体系

其主要信息处理流程是：外界情报信息进入指挥所后，被送入主机，由主机进行情报的预处理，然后经过网络通信系统分发到各自的分布处理终端，再进行处理，最后上报上级指挥所。此结构几乎是所有第三代指挥所信息系统的核心体系结构。对于不同功能的指挥所，它的信息类型、处理模式等都是不一样的。这里不针对具体的应用类型，而是把它抽象出来进行分析，示意性的说明集成探索性论证方法的实现流程与基本原理。

假设信息源成批向主机发送信息，主机预处理完后，通过网络通信系统向不同的分布处理机发送此批信息，由相应的分布处理机进行处理。假设主机对每批报文信息的处理时间 $t_1 = L/V_1$（L 为报文信息的长度，V_1 为主机处理速度），网络通信延迟为 $t_2 = L/V_2$（V_2 为网络通信系统处理速度），分布处理机处理延迟为 $t_3 = L/V_3$（V_3 为分布机处理速度，这里假设所有分布处理机都相同）。很显然，对于信息的总体处理时间 T 来说，系统关键要素是 3 个处理速度 V_1、V_2、V_3，它们相对于需求而言是单调的，越大越好。另外，假设主机、网络系统、分机系统各有 3 种选择方案，每种方案对应不同的处理速度与费用。因此，整个体系的构建可以有 27 种选择。

　　主机 3 种方案的速度 V_1 分别为：0.25、0.63、1.16；网络 3 种方案的速度 V_2 分别为：0.23、0.65、1.14；分布处理机 3 种方案的速度 V_3 分别为：0.26、0.62、1.13。与此相对应的费用是：主机 3 种方案的费用为：1、4、11；网络系统 3 种方案的费用为：0.5、2、5.5；分布处理机 3 种方案的费用为：0.2、0.4、0.6。根据不同组合共有 27 种方案。经过测量与估算各个方案属性值见表 7.1。我们用代号来表示不同的体系构建方案，例如代号 123 表示主机系统选 1 号方案（处理速度为 0.25，费用为 1），网络系统选 2 号方案（处理速度为 0.65，费用为 2），分机系统选择 3 号方案（处理速度为 1.13，费用为 0.6），其余同理。本示例的论证目标就是从这 27 种备选方案中选择满足目标需求的方案。

7.2.2　综合论证过程

1. 构建体系论证框架结构

　　分布式信息处理体系的目标声明是要构建一个高性价比的体系，这是一定性的目标描述。如前面所述，目标声明要通过具体量化的目标准则来刻画，本示例中目标准则为两项：一个是典型测试示例的处理总延迟 T；一个是体系构建的总费用 C。本示例中通过 f_1 确定准则与声明的关系，其实现方式为通过专家的主观判断来生成。本示例中方案结构是由上述 27 种组合构成，每种组合对应不同的方案属性即主机速度 V_1 与费用 C_1，网络系统速度 V_2 与费用 C_2，分布处理机速度 V_3 与费用 C_3。每种方案的属性通过测量与估算得出，如表 7.1 所列。体系论证的框架结构如图 7.3 所示。

表 7.1　方案号与属性值

属性值＼方案号	1	2	3
主机速度 V_1+费用 C_1	0.25，1	0.63，4	1.16，11
网络系统速度 V_2+费用 C_2	0.23，0.5	0.65，2	1.14，5.5
分布处理机速度 V_3+费用 C_3	0.26，0.2	0.62，0.4	1.13，0.6

2. 建立各层的映射关系模型

1）建立目标声明与目标准则的映射关系

　　该问题的论证目标就是选择具有高效，低价的体系方案。该目标声明要通过具体的目标准则来刻画，即测试案例的延迟与总费用两个目标准则。通过实验抽样，并给用户交互式主观判定，最后拟合回归得出一个此两准则的需求区域，即目标集，如图 7.4 所示，通过目标准则具体刻画了目标声明的需求。

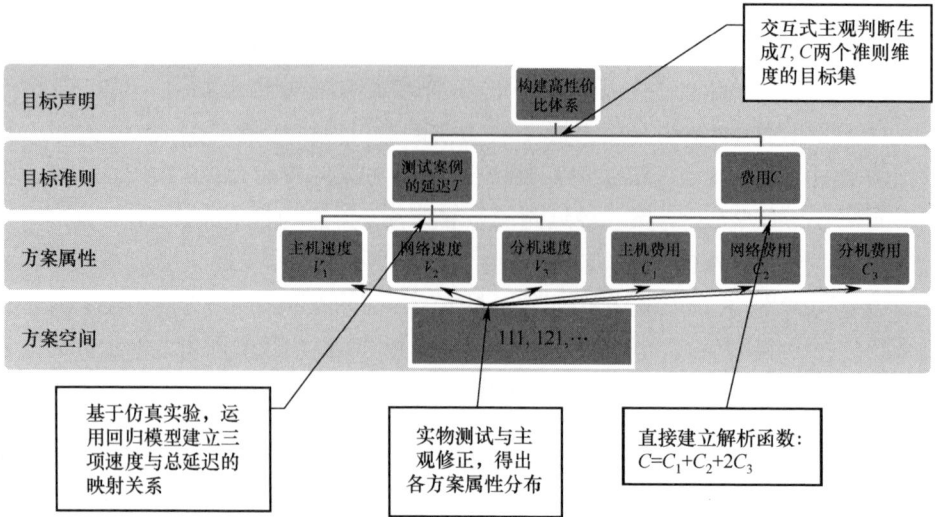

图 7.3 评估论证框架结构示意图

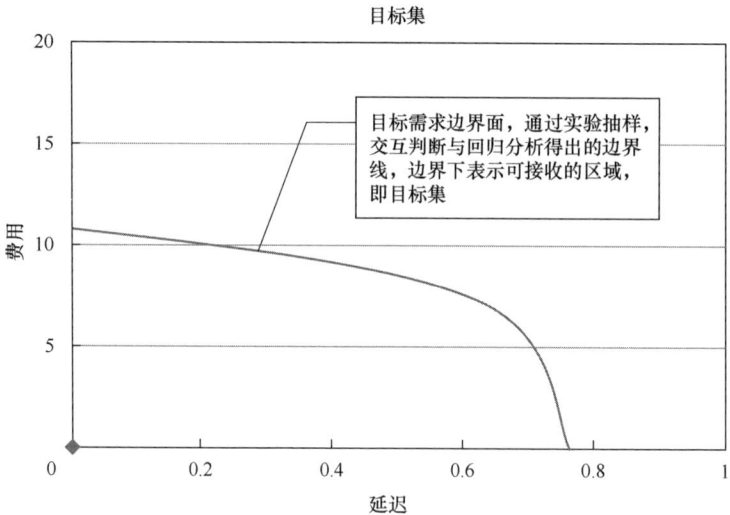

图 7.4 费用与延迟两准则的目标集

对于方案属性与目标准则的关系映射 f_2 的刻画则通过建立仿真模型，再进行仿真实验，最后基于仿真结果数据，进行回归以获取。

在本论证问题中，f_2 应基于仿真实验的手段获取。通过仿真实验结果数据，得出总延迟 T 与 V_1、V_2、V_3 回归模型，从而得出 f_2 的解析表达式。另外，对于体系总费用的计算直接用 $C=C_1+C_2+2C_3$。下一节主要探究方案速度属性 V_1、V_2、V_3 与延迟 T 的映射关系。

2）方案速度属性 V_1、V_2、V_3 与延迟 T 的映射关系

由前面分析目标声明与目标准则，方案结构与方案属性的关系都已确定，但是要对各个方案进行论证，找到满意的方案，还必须建立目标准则与方案属性，即 f_2 的关系，在本示例中需要通过仿真实验来获得 f_2，借助仿真实验方法，建立该过程的仿真模型，并求解模型，生成实验数据，并在其基础上运用回归方法生成代理模型，从而获得 f_2，实现了 3 项速度 V_1、V_2、V_3 与延迟 T 的映射关系。

（1）仿真实验因子的区域筛选与实验设计。本仿真实验中主机处理速度 V_1、网络通信系统处理速度 V_2 和分布机处理速度 V_3 取值范围均为 0.2～1.5，通过敏感区域分析算法[①]，发现当主机处理速度 V_1 取值 0.2、网络通信系统处理速度 V_2 取值 0.2 和分布机处理速度 V_3 取值 0.2 的时候，总体处理时间 T 为 1.1；当主机处理速度 V_1 取值 1.5、网络通信系统处理速度 V_2 取值 1.5 和分布机处理速度 V_3 取值 1.5 的时候，总体处理时间 T 为 0.2；当主机处理速度 V_1 取值 1.0、网络通信系统处理速度 V_2 取值 1.0 和分布机处理速度 V_3 取值 0.5 的时候，总体处理时间 T 为 0.21；根据分枝定界法的思想，去掉不敏感区域。

因此，主机处理速度 V_1 的敏感区为 0.2～1.0，网络通信系统处理速度 V_2 的敏感区为 0.2～1.0，分布机处理速度 V_3 的敏感区为 0.2～0.5。故实验因子在此区域以外的取值对仿真实验结果的影响较小，可以忽略。根据因子筛选结果，主机处理速度 V_1 和网络通信系统处理速度 V_2 分别采用 5 个取值：0.2、0.4、0.6、0.8、1.0；分布机处理速度 V_3 采用 4 个取值：0.2、0.3、0.4、0.5；实验验证的实验设计采用简单全因子析因设计，实验样本共 100 个。

（2）仿真模型的建立。采用离散事件系统仿真中常用的事件调度法来建立模型，以事件为分析系统的基本单元，通过定义事件及每个事件发生对系统状态的变化，按时间顺序确定并执行每个事件发生时有关的逻辑关系并策划新的事件来驱动模型的运行。按照这种方法建模时，所有事件均放在事件表中。事件由信息编号、信息长度、信息间隔时间、当前时刻和事件状态 5 个部分组成。

定义事件中信息在未送达主机前处于状态 0，送达主机后处于状态 1，送达网络通信系统后处于状态 2，送达分布处理机 1 后处于状态 3，送达分布处理机 2 后处于状态 4，处理完毕离开分布处理机后处于状态 5，其状态转换如图 7.5 所示。

---

① 胡剑文. 作战仿真实验理论、平台与应用[M]. 北京：国防工业出版社，2016.

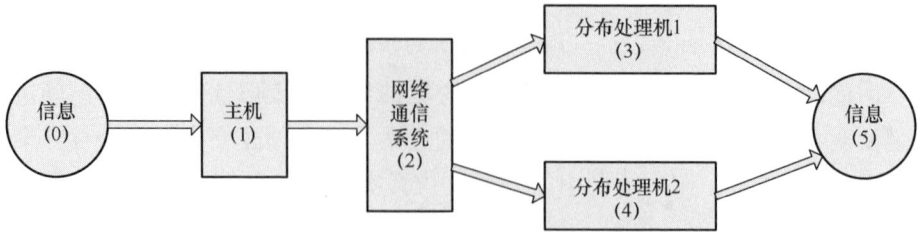

图 7.5 信息流图

由于信息是成批到达，在每个处理环节必然面临排队现象，因此定义以下 5 个队列：源队列 N_0，主机队列 N_1，网络通信系统队列 N_2，分布处理机 1 队列 N_3，分布处理机 2 队列 N_4。对信息的长度采用标准正态分布随机数生成，对信息的间隔时间采用泊松分布随机数生成，生成的数据作为测试案例。程序流程如图 7.6 所示。

程序以 1000 组信息长度和时间间隔作为输入数据，通过仿真运算，输出总体处理延迟 T。

（3）实验结果的回归分析。基于实验结果数据，运用回归分析方法，得出总延迟时间 T 的回归方程如下：

$T=1.71767-1.38797\times V_1-1.38788\times V_2-0.185381\times V_3+0.947729\times V_1^2+0.947596\times V_2^2+0.198696\times V_3^2-0.474248\times V_1\times V_2-0.11735\times V_1\times V_3-0.117314\times V_2\times V_3$

该模型对总延迟时间 T 的解释率 R^2 为 90%，可以有效地反映 T 与 V_1、V_2、V_3 的关系。

3. 体系方案的评估论证

把各组方案属性值代入上述回归模型与费用求解模型中，图 7.7 是 27 种方案的总延迟和总费用的散点分布图，横坐标是总延迟时间，纵坐标是总费用。由帕累托面可知方案 333、332、331、323、233、232、222、221、122、121、112、111 这 12 个方案属于备选方案。根据图 7.7，方案 222、221 与 122 在目标集内，为可选方案。如果要求出最稳健的方案选项，运用 6.4 节中的距离计算方法可以求出相应定义条件下的距离值，选择距离最小的方案为首选方案。

如果考虑多阶段情形，假设共 3 个阶段，该体系的处理的报文随着时间其平均长度将不断加长，因此延迟也会增大。且每个阶段情形，目标集也发生变化，显然对费用的要求将不断减小。各个阶段的情形如图 7.8、图 7.9 所示。

3 个阶段，有效方案为：第一阶段：222，221，122；第二阶段：233，223；第三阶段：333。显然，没有一个方案是符合所有阶段目标需求的方案，因此要采取动态升级的方式构建体系。有 6 个升级方案满足目标需求。即 222→233→333，222→223→333，221→233→333，221→223→333，122→233→333，122→223→333。其中每个跨阶段升级模式的时间成本如表 7.2 所列。

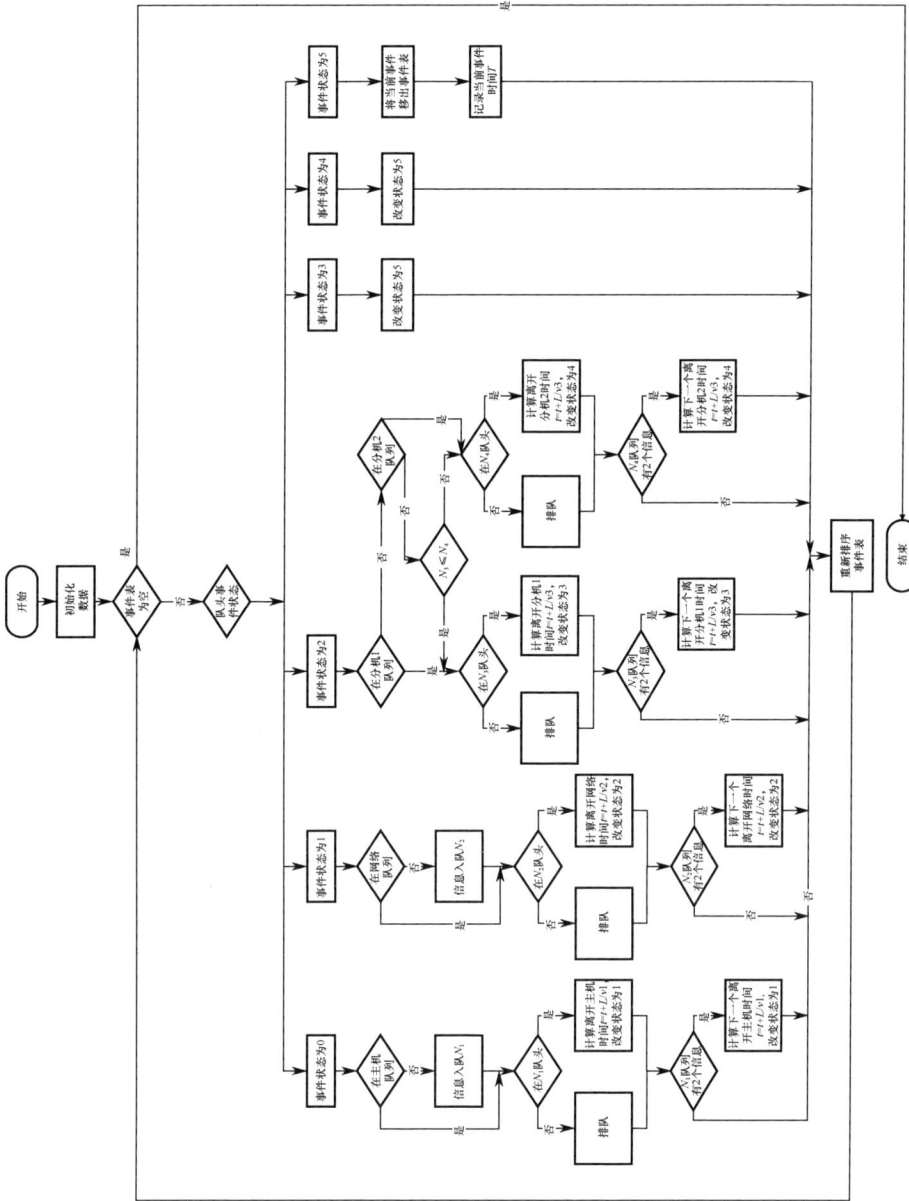

图 7.6　仿真流程

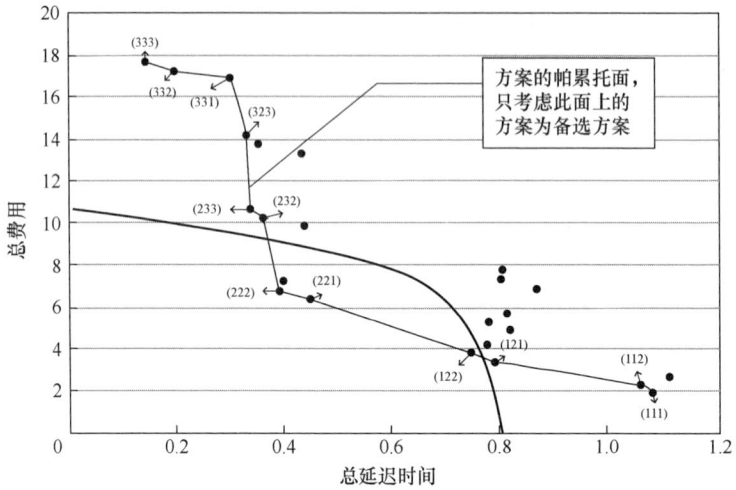

图 7.7　总延迟与总费用散点图

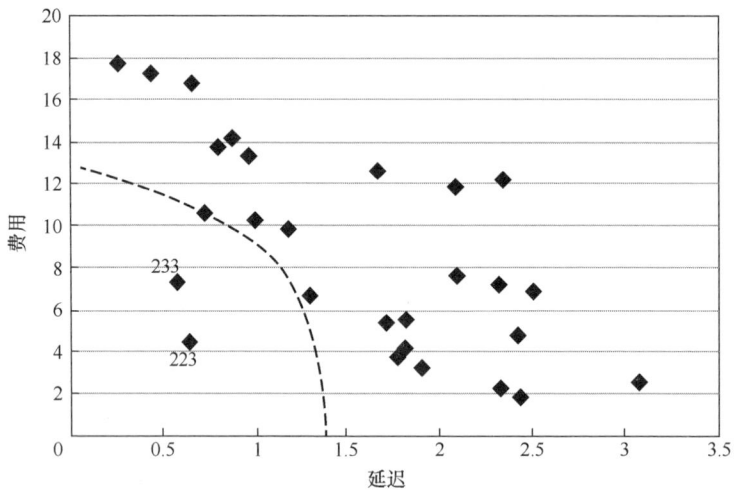

图 7.8　阶段二各方案延迟、费用值与目标需求图

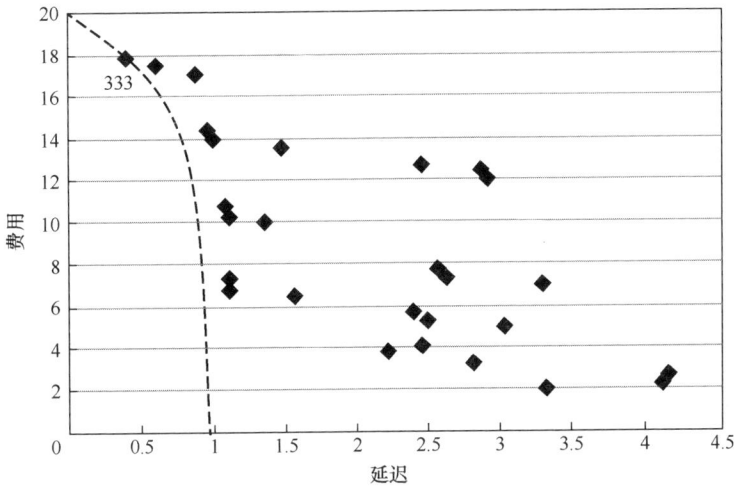

图 7.9　阶段三各方案延迟、费用值与目标需求图

表 7.2　各类升级模式的时间成本

升级模式	时间成本
122→223	16 时间单位
122→233	22 时间单位
222→233	10 时间单位
222→223	8 时间单位
221→233	18 时间单位
221→223	13 时间单位
233→333	12 时间单位
223→333	17 时间单位

根据累积时间成本，很显然第一阶段选 222，第二阶段 233，第三阶段选 333，升级改造时间累积最少，即 22 个时间单位。

7.3　空中封控武器装备的体系贡献率评估论证

武器装备对装备体系的贡献率可以理解为某一武器装备融入体系使用后，该装备对体系最大效能发挥的占比。其可以是单一装备对体系的贡献率，也可以是多个装备联合对体系的贡献率。体系贡献率可以分为两种：一种是边际贡献率，也即用该装备与不用该装备产生的价值差值；另一种是综合贡献率，体系达到整体作战效能时，各个装备对整体作战效能的贡献度。边际贡献率只是个价值差值，只要能计算出各种条件下的体系效能即可算出边际贡献率，效能的计算评估

117

方法可以参看探索性评估方法一章。本节采用探索性评估论证方法求解一个空中封控武器装备体系中关键装备的体系贡献率问题。显然，第一步就是构建探索性评估论证框架及体系框架。

7.3.1 体系与探索性评估论证框架的构建

1. 作战背景设置

本示例的空中封控行动重点以阻止敌方飞机进入封控区域，攻击我方水面目标为例进行研究。如图 7.10 所示，中间矩形区域为封控区域，该区域有水面舰艇编队，负责水面封控，红方封控兵力部署情况为 5 个歼击机巡逻空域，1 个预警机空域，视情增加电子干扰空域、空中加油空域等。每个歼击机巡逻空域 1 批 2 架飞机，飞机类型相同，保持空域巡逻待战；蓝方计划出动 5 批飞机编队，1 批 2 架，从正东、东北、东南 3 个方向企图突破红方空中封控作战体系，重点打击红方海面封控舰艇等高价值目标，飞机类型也相同，共 10 架次。

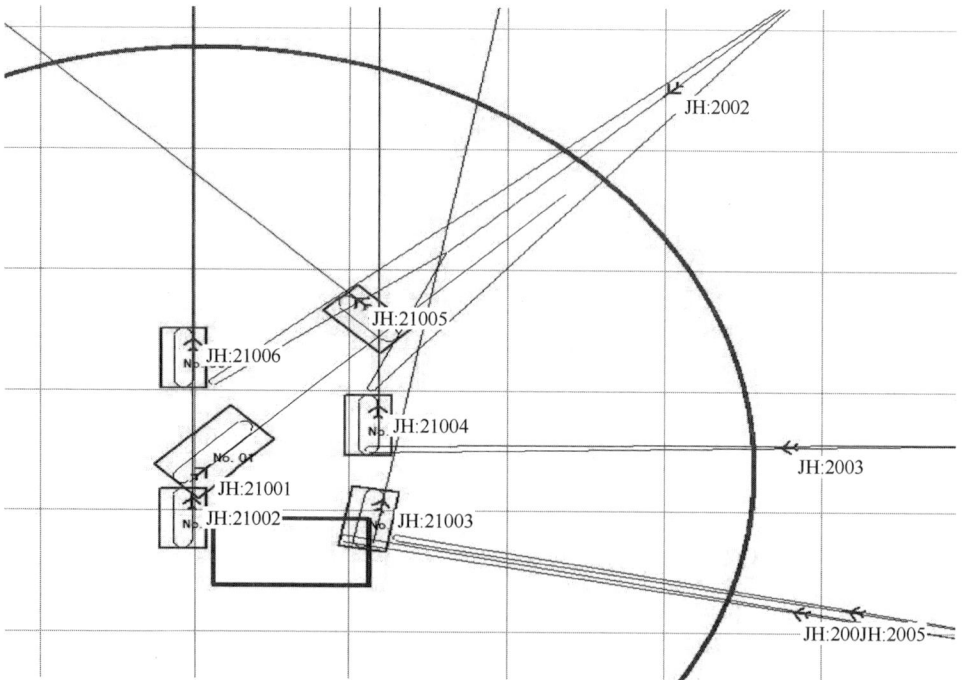

图 7.10　作战封控态势图

2. 红方封控体系的三要素

1）体系元素

体系元素即体系中的关键装备系统。在本示例中，选取 3 类关键装备系统：

一类是预警探测装备 $S_1 = \{s_{11}, s_{12}\}$ ；一类是指挥通信装备 $S_2 = \{s_{21}, s_{22}\}$ ；一类是空战装备 $S_3 = \{s_{31}, s_{32}, s_{33}, s_{34}\}$ 。各类装备的关键作战能力指标如表 7.3~表 7.5 所列。

表 7.3   预警探测装备 S_1 关键能力指标取值

装备名称	预警探测距离/km
s_{11}	300
s_{12}	500

表 7.4   指挥通信装备 S_2 关键能力指标取值

装备名称	指挥反应时间/s	通信间隔时间/s
s_{21}	120	20
s_{22}	30	5

表 7.5   红方飞机 S_3 空战能力指标取值

装备名称	正面 RCS/m²	机载雷达探测距离/km	空空导弹射程/km	导弹杀伤概率	典型条件下截击速度/(m/s)	典型条件最大瞬时角速度/(°)/s
s_{31}	5	120	50	0.6	200	20
s_{32}	5	160	80	0.6	260	22
s_{33}	1	120	50	0.6	280	25
s_{34}	0.5	160	80	0.8	400	31

另外，还需要设定蓝方飞机性能默认值，假设蓝方飞机来袭速度为 400m/s，对于 RCS 为 5m² 的目标，空空导弹射程为 50km，导弹杀伤概率为 0.6；对于 RCS 为 0.5m² 的目标，空空导弹射程为 30km，导弹杀伤概率为 0.4。

2）体系结构

上述装备的关联与指控关系如图 7.10 所示。该图也概略描述相应体系结构，关于详细的体系结构视图，如 DODAF 等，不是本章研究重点，在此略去。

3）体系的运作机制

该体系类似于传统防空作战体系的机制，也是按发现目标，识别目标，引导拦截，空中交战的流程来运用。具体步骤如下：

（1）预警监视阶段。红方根据"预警探测距离"，实时计算是否发现蓝方飞机。如果发现目标，按照蓝方飞机对红方高价值目标的威胁程度确定目标分配优先级，分配红方拦截兵力，并在"拦截反应时间"之后，将命令下达给拦截编队。

（2）兵力接替与补充阶段。当红方某编队前出拦截时，根据"兵力接替距离"和"可用飞机数量"，补充一批 2 架红方飞机飞往该待战空域或者直接拦截蓝方飞机。

（3）指挥引导阶段。红方在外部信息支援下（如采用预警机指挥引导），按"通信间隔时间"和"通信成功概率"，将目标信息传送给红方拦截编队；拦截飞机编队按"截击速度"朝目标飞行。

（4）载机搜索目标阶段。当红蓝双方飞机编队距离接近"机载雷达探测距离"时，雷达开机搜索目标。当目标位于"机载雷达探测距离"和"探测角度"范围内，载机发现目标后，载机根据自身雷达探测情况接近目标。

（5）超视距空战阶段。载机通过跟踪锁定目标，当与目标相对位置在中远程"空空导弹射程"内时，发射导弹；借鉴两步裁定法评判空战结果的思想[①]，如果蓝方编队先毁伤，根据"导弹毁伤概率""双方编队飞机数量"，判定本次交战蓝方飞机是否毁伤及毁伤飞机数量，然后剩余未毁伤的蓝方飞机在具备导弹发射条件时，向红方飞机编队发射导弹，同样可以计算出红方飞机是否毁伤及毁伤飞机数量；反过来，如果红方编队先毁伤，根据蓝方先发射导弹时两步裁定法计算双方编队的毁伤飞机数量。

（6）视距内空战阶段。如果超视距空战后双方编队还有剩余飞机，借鉴两步裁定法思想，同样可以计算视距内空战双方编队飞机的毁伤数量。

（7）蓝方没有遭到损失的战机，继续攻击红方海面封控舰艇，推演解算毁伤效果。

该体系的运作机制也是进行仿真推演的基本过程。

3. 探索性评估论证框架的设定

（1）目标声明。红方体系的目标声明即是有效进行封控，保证一定封控时间，以及封控空中与水面力量的安全。

（2）目标准则。实现目标声明的主要有 3 个准则：一是空中封控时间；二是体系中空中力量毁伤率；三是体系中水面力量的毁伤率。基于这三维目标准则可以构建目标集，作为评估论证的准绳。

（3）方案属性。不同的体系方案也具有不同的属性，在本示例中所关注的体系属性是一些关键作战能力指标值，这些能力指标值刻画了体系作战能力。

（4）方案空间。方案空间也即体系的构建方式。由于本体系的体系结构与运作机制相对固定，因此方案空间即是体系元素空间，也即不同的装备组合构成不同的体系形态。

目标声明是起始，根据目标声明，采用第 3 章中目标集生成的多维二分探索算法结合支撑向量机拟合，得出相应的目标集，如图 7.11 所示。

---

① 王晓光，等. 基于改进两步裁定法的无人机超视距空战仿真[J]. 飞行力学，2014，32(4)：315-319.

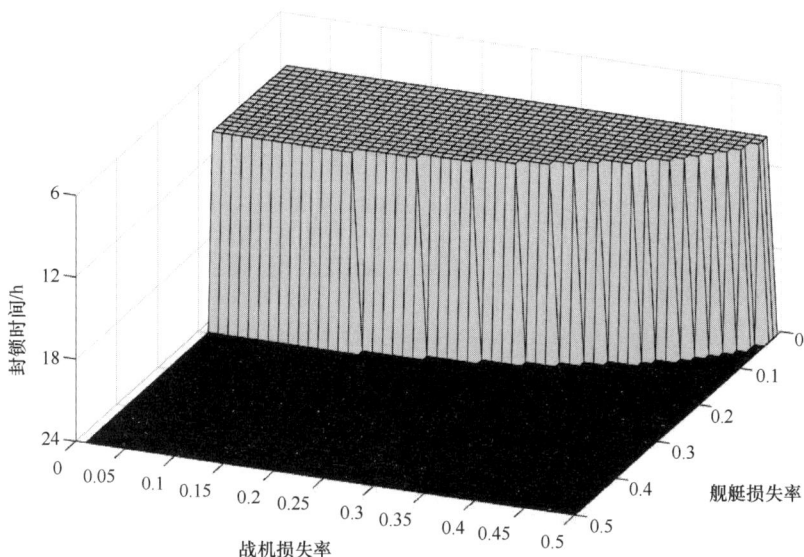

图 7.11　体系任务目标集

　　很显然，贡献计算的关键是求出不同体系方案的效能值。确定不同体系方案条件下实现目标需求的情况。在本例中，采用人机综合推演模式，然后由多专家给出推演结果信度分布，然后再以综合的方式（如第 2 章所示），确定不同体系方案条件下上述 3 个准则的信度分布，如图 7.12 所示，此图表示某一体系方案推演后 3 个准则的信度分布，然后运用第 4 章的探索性评估方法进行效能计算，在本示例中目标集是分明集，评估对象是信度分布的形式，如图 7.12 所示。具体求解方法可以参看第 4 章，在此只列出结果，如表 7.6 所列。

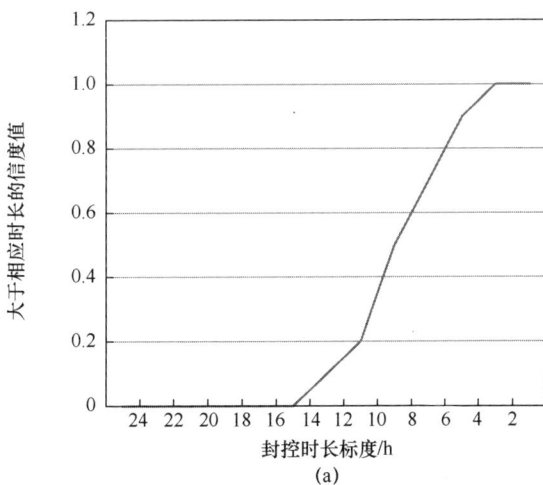

(a)

121

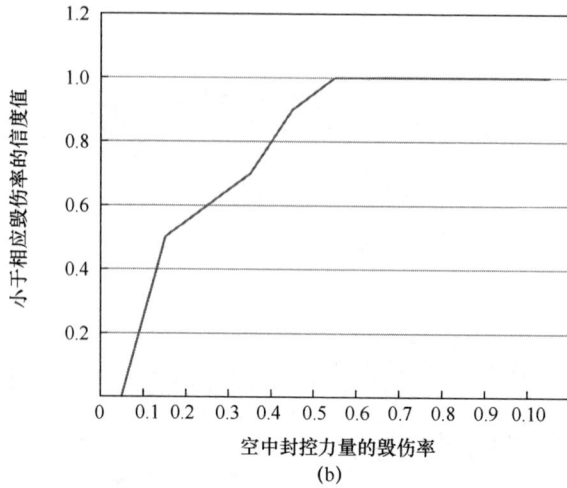

(b)

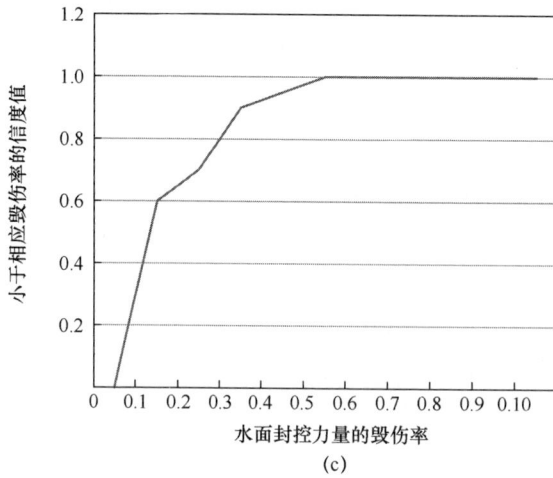

(c)

图 7.12　用信度分布函数表示的某体系方案推演结果

表 7.6　各体方案评估的效能值

预警探测装备	指挥通信装备	空战飞机	效能值	预警探测装备	指挥通信装备	空战飞机	效能值
s_{11}	s_{21}	s_{31}	0.01	s_{12}	s_{21}	s_{31}	0.04
s_{11}	s_{21}	s_{32}	0.30	s_{12}	s_{21}	s_{32}	0.42
s_{11}	s_{21}	s_{33}	0.14	s_{12}	s_{21}	s_{33}	0.16
s_{11}	s_{21}	s_{34}	0.56	s_{12}	s_{21}	s_{34}	0.80
s_{11}	s_{22}	s_{31}	0.02	s_{12}	s_{22}	s_{31}	0.06
s_{11}	s_{22}	s_{32}	0.36	s_{12}	s_{22}	s_{32}	0.46
s_{11}	s_{22}	s_{33}	0.06	s_{12}	s_{22}	s_{33}	0.20
s_{11}	s_{22}	s_{34}	0.62	s_{12}	s_{22}	s_{34}	0.90

7.3.2　武器装备的体系边际贡献率分析

定义 7.2　武器装备的体系边际贡献率。定义 $E(S)$ 为体系 S 的效能，假设体系中武器装备 A 为体系元素 S_i 的一个取值，定义武器装备 A 的体系贡献率为

$$CR(A) = \frac{\max(E(S)) - \max_{S_i \neq A}(E(S))}{\max(E(S))}$$

式中：$\max(E(S))$ 为体系 S 的最大效能值，即在所有可能元素组合的条件下，取最大的效能值；$\max\limits_{S_i \neq A}(E(S))$ 为在第 i 项元素不取 A 的条件下，体系的最大效能值。

上述定义说明当武器装备 A 不作为体系可选项时，整个体系最大效能的相对变化量，很显然 $0 \leqslant CR(A) \leqslant 1$。相对贡献率运用了替代分析的思想，例如某一装备投入运用之前只能消灭 300 个敌人，投入这一装备后可以消灭 1000 个敌人，如果以消灭敌人数量作为体系效能标度的话，则显然该装备对体系的相对贡献率是 $(1000-300)/1000 = 70\%$。同样，可以定义多个装备的联合相对贡献率。

定义 7.3　武器装备的联合边际体系贡献率。假设体系中武器装备 A 为体系元素 S_i 的一个取值，体系中武器装备 B 为体系元素 S_j 的一个取值，有

$$CR(A,B) = \frac{\max(E(S)) - \max_{S_i \neq A, S_j \neq B}(E(S))}{\max(E(S))}$$

武器装备的联合体系贡献率反映了体系中多个装备对体系效能的综合影响，对于分析装备间的关联关系有重要的启示。

预警探测装备 s_{12} 对空中封控作战体系贡献率为

$$CR(s_{12}) = \frac{\max E(S_1 \times S_2 \times S_3) - \max_{S_1 \neq s_{12}} E(S_1 \times S_2 \times S_3)}{\max E(S_1 \times S_2 \times S_3)} = 0.311$$

结果表明，红方不使用预警探测装备 s_{12}，空中封控效能最大为 0.62，使用装备 s_{12} 的体系贡献率为 31.1%。

指挥通信装备 s_{22} 对空中封控作战体系贡献率为

$$CR(s_{22}) = \frac{\max E(S_1 \times S_2 \times S_3) - \max_{S_1 \neq s_{22}} E(S_1 \times S_2 \times S_3)}{\max E(S_1 \times S_2 \times S_3)} = 0.111$$

结果表明，红方不使用指挥通信装备 s_{22}，空中封控效能最大为 0.8，使用装备 s_{22} 的体系贡献率为 11%。

空战飞机 s_{34} 对空中封控作战体系贡献率为

$$CR(s_{34}) = \frac{\max E(S_1 \times S_2 \times S_3) - \max_{S_1 \neq s_{34}} E(S_1 \times S_2 \times S_3)}{\max E(S_1 \times S_2 \times S_3)} = 0.489$$

结果表明，当红方空战飞机不使用 s_{34} 时，红方空中封控效能大约为 0.46；当红方空战飞机使用 s_{34} 时的体系贡献率为 48.9%。可见，只有采用较优的空战飞机，才有可能较好实现空中封控效果。

预警探测装备 s_{12} 和指挥通信装备 s_{22} 对空中封控作战联合体系贡献率为

$$\mathrm{CR}(s_{12}, s_{22}) = \frac{\max E(S_1 \times S_2 \times S_3) - \max\limits_{S_1 \neq s_{12}, S_2 \neq s_{22}} E(S_1 \times S_2 \times S_3)}{\max E(S_1 \times S_2 \times S_3)} = 0.378$$

结果表明，红方不使用预警探测装备 s_{12} 和指挥通信装备 s_{22} 时，空中封控效能最大为 0.56，使用预警探测装备 s_{12} 和指挥通信装备 s_{22} 时，联合边际体系贡献率为 37.8%。

预警探测装备 s_{12} 和空战飞机 s_{34} 对空中封控作战联合边际体系贡献率为

$$\mathrm{CR}(s_{12}, s_{34}) = \frac{\max E(S_1 \times S_2 \times S_3) - \max\limits_{S_1 \neq s_{12}, S_3 \neq s_{34}} E(S_1 \times S_2 \times S_3)}{\max E(S_1 \times S_2 \times S_3)} = 0.6$$

结果表明，红方不使用预警探测装备 s_{12} 和空战飞机 s_{34} 时，空中封控效能最大为 0.36，使用预警探测装备 s_{12} 和空战飞机 s_{34} 时，联合边际体系贡献率为 60%。

指挥通信装备 s_{22} 和空战飞机 s_{34} 对空中封控作战联合边际体系贡献率为

$$\mathrm{CR}(s_{22}, s_{34}) = \frac{\max E(S_1 \times S_2 \times S_3) - \max\limits_{S_2 \neq s_{22}, S_3 \neq s_{34}} E(S_1 \times S_2 \times S_3)}{\max E(S_1 \times S_2 \times S_3)} = 0.533$$

结果表明，红方不使用指挥通信装备 s_{22} 和空战飞机 s_{34} 时，空中封控效能最大为 0.42，使用指挥通信装备 s_{22} 和空战飞机 s_{34} 时，联合边际体系贡献率为 53.3%。

预警探测装备 s_{12}、指挥通信装备 s_{22} 和空战飞机 s_{34} 对空中封控作战联合边际体系贡献率为

$$\mathrm{CR}(s_{12}, s_{22}, s_{34}) = \frac{\max E(S_1 \times S_2 \times S_3) - \max\limits_{S_1 \neq s_{12}, S_2 \neq s_{22}, S_3 \neq s_{34}} E(S_1 \times S_2 \times S_3)}{\max E(S_1 \times S_2 \times S_3)} = 0.667$$

结果表明，红方不使用预警探测装备 s_{12}、指挥通信装备 s_{22} 和空战飞机 s_{34} 时，空中封控效能最大为 0.3，使用指挥通信装备 s_{22} 和空战飞机 s_{34} 时，联合边际体系贡献率为 66.7%。

7.3.3 武器装备的综合体系贡献率

7.3.2 节中，采用了边际分析方法来求解贡献率，边际贡献率是基于指控体系中，同类别装备（或装备集）中，不同型号之间的价值差计算的。例如，在上例中，同类别是指同为预警探测装备，或指挥通信或空战飞机。边际贡献率的计算

是基于不同型号①的同类别装备之间体系价值差值。本节讨论武器装备对体系的综合贡献率，其求解的是不同类别装备在体系整体效能发挥中的占比。采用的计算方法是基于 2^k 实验设计分析的主效应与综合效应叠加方法。主效应与交互效应的计算参看第 6 章的计算方法。

定义 7.4　武器装备对体系的综合贡献率。武器装备对体系的综合贡献率为各个装备产生的主效应与平均交互效应之和。平均交互效应是指，当某装备与其他装备对最终效能值具有交互效应时，交互效应平均分配。

本示例中从表 7.6 中提取相关数据构成一个 2^3 实验表（表 7.7），运用主效应与交互效应的计算方法，解算贡献率。

表 7.7　基于 2^k 设计的效能表

预警探测装备	指挥通信装备	空战飞机	效能值
s_{11}（-）	s_{21}（-）	s_{31}（-）	0.01
s_{11}（-）	s_{21}（-）	s_{34}（+）	0.56
s_{11}（-）	s_{22}（+）	s_{31}（-）	0.02
s_{11}（-）	s_{22}（+）	s_{34}（+）	0.62
s_{12}（+）	s_{21}（-）	s_{31}（-）	0.04
s_{12}（+）	s_{21}（-）	s_{34}（+）	0.42
s_{12}（+）	s_{22}（+）	s_{31}（-）	0.06
s_{12}（+）	s_{22}（+）	s_{34}（+）	0.90

预警探测装备从 s_{11} 发展成 s_{12} 时，其产生主效应为 0.05；

指挥通信装备从 s_{21} 发展成 s_{22} 时，其产生主效应为 0.14；

空战飞机装备从 s_{31} 发展成 s_{34} 时，其产生主效应为 0.59；

预警探测装备与指挥通信装备的二阶交互效应为 0.11；

指挥通信装备与空战飞机的二阶交互效应为 0.13；

预警探测装备与空战飞机的二阶交互效应为 0.02；

预警探测装备、指挥通信装备、空战飞机三阶交互效应为 0.1。

因此，s_{12} 的综合效应=预警探测装备从 s_{11} 发展成 s_{12} 的主效应+(预警探测装备与指挥通信装备的二阶交互效应+预警探测装备与空战飞机的二阶交互效应)/2+(预警探测装备，指挥通信装备，空战飞机三阶交互效应)/3=15%。

同理，s_{22} 的综合效应=0.29；s_{34} 的综合效应=0.7。

s_{12} 的综合贡献率=s_{12} 的综合效应/(s_{12} 的综合效应+s_{22} 的综合效应+s_{34} 的综合效应)=13%

---

① 例如，预警探测装备 s_{11} 与 s_{12} 就是同类别不同型号。

同理，s_{22} 的综合贡献率为 26%，s_{34} 的综合贡献率 61%。

体系方案（s_{11}, s_{21}, s_{31}）效能为 0.01；体系方案（s_{12}, s_{22}, s_{34}）效能为 0.9。从 0.01 到 0.9 效能提升中，s_{12} 占 13% 贡献度，s_{22} 占 26% 贡献度，s_{34} 占 61% 贡献度。

7.4 海军陆战队作战体系的燃油消耗评估

本示例引自哈伯德博士的专著 *How to Measure Anything*，该示例属于海军陆战队后勤体系论证中的一个局部问题，即评估整个体战过程中耗油量，其为构建高效能、高效益的后勤保障体系提供决策支撑。

7.4.1 问题背景

2003 年，美国海军研究办公室和海军陆战队想预测伊拉克战场燃油需求量，因为仅仅是海军陆战队的地面部队，在伊拉克行动中每天就都用几十万加仑燃油，而航空部队用量是地面部队的 3 倍。为了保证人员安全，又决不能出现燃油耗尽的情况，所以供应多少才恰到好处是个评估难题。但是，人们不可能精确预测遥远战场上的需求量。由于不确定性如此之高，而且燃油用尽之险是决不能冒的，因此物流计划运输燃油应该为最大估计用量的 3～4 倍。为了保证绝对安全，运输的附加燃油是后勤供给的一项巨大负担。燃油仓库零星分布在陆地上，为了把燃油从一个仓库运输到更远的仓库，陆战队需要每天护航保驾，这更让陆战队增加了几分危险。如果海军陆战队可以准确评估燃油需求，那么就不需要储备这么多燃油了，同时也能尽可能地确保战场上的燃油不会短缺。

当时海军陆战队采用的是规范模式下的一个相当简化的评估模型，该模型首先把所有部队的所有设备，按类型分类加总：然后再减去由于维护、运输、作战等原因损失的设备；最后再确定在未来 60 天里，哪些部队可能处于作战状态，哪些部队处于防守状态。一般来说，如果一支部队处于作战状态，那么它就必须来回移动，并且消耗更多燃油。当部队进行作战时，燃油的消耗率一般会增加。海军陆战队会根据部队的设备类型和状态，计算出一个部队在各种情况下每小时的燃油消耗量，然后算出一天的消耗量，再算出所有部队 60 天的消耗量。这种方法的准确度和精度不是很高，因为人们对燃油的估算可能会由于两个或更多因素的不同而差异很大。

哈伯德博士研究这个问题，采用了一种探索性的综合评估方法[①]来评估海军陆战队的油料消耗问题。

---

① 其本人称作应用信息经济学方法。

7.4.2　问题解决过程

1. 问题分解

通过分解手段，把整个海军陆战队的油料消耗问题分解成 3 个子问题：①护送车辆装备耗油量。在护送任务中，大多数卡车和悍马军车平均一天往返 2 次，这耗掉了绝大部分燃油。②战斗车辆耗油量。武装的战斗车辆如 M1 主战坦克和轻型装甲车，在战斗中耗油较多。③辅助车辆的耗油量。这 3 类装备耗油量相加，就是整个陆战队的耗油总量，如图 7.13 所示。

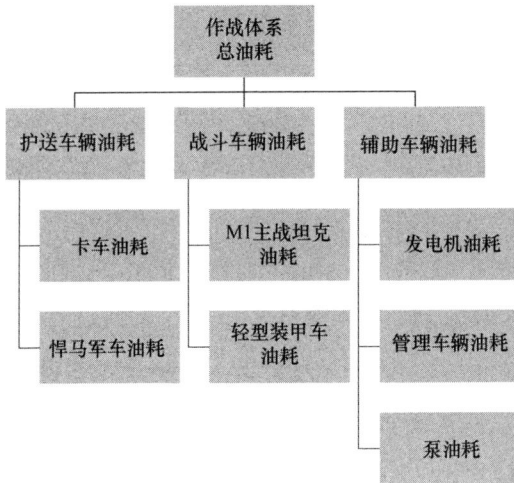

图 7.13　问题的分解

2. 建立多类别评估模型

哈伯德博士对这 3 类耗油问题采取了不同的评估手段。其中辅助车辆的耗油由于它们的消耗量比较稳定，也比较低，对于这组设备，采用原有的解析模型。

对于护送车辆的油耗问题，哈伯德博士运用了实物测试的实验手段，建立油耗模型。他们在加利福尼亚州的 29 棕榈村做一系列道路实验，在两种类型的 3 辆卡车上安装了 GPS 和燃油流量表，GPS 和燃油流量表可分别记录卡车的位置和燃油流量，每秒钟可以记很多次。当车辆行驶时，这些信息会连续不断地传入一台车载便携式计算机。在实验过程中，测试了不同路况，包括铺好的路、越野路、水平路、山路、高速路以及不同海拔的道路。测试完后，收集了各种路况下的 500000 个燃油消耗数据。在此基础上回归模型分析这些数据，结果发现在所有变量中，路况对结果影响最大，铺好的路和越野路耗油量差距最大。这就说明，一定要重视战场路况分析，这一要素是评估总体耗油的关键。

从表 7.8 可以看出，哈伯德博士通过有效的实验手段①，深入剖析探索了不同条件的油耗问题，发现许多有价值的信息，为整个复杂作战背景油耗评估奠定了基础。这也是探索性评估论证方法体系中实验手段一次非常成功的应用。

表 7.8　各种路况变量的对日耗油的影响

路况变量	日耗油量的差异/加仑②
从铺好的路变为越野路	10303
平均时速提高 5 英里③	4685
爬升 10m	6422
平均海拔提高 100m	751
温度提高 10℃	1075
路途增加 10 英里	8320
路途新增一个停靠站	1980

对于战斗车辆的油耗评估，由于无法构建逼真的作战场景，因此作战条件下的油耗计算不可能像上述护送车辆一样进行实物测试。哈伯德博士运用了探索性评估论证中的交互实验评估方式：首先，组织了一批有丰富实战经验的专家，即陆战一师的战地后勤指挥官，他们都有在伊拉克自由行动中的战斗经验；然后，与他们交互式对话，确定了几个对战斗车辆燃油消耗量有重大影响的因素，包括和敌人接触的概率、对作战地区的熟悉程度、地形是城区还是沙漠等；最后，对他们都作出主观判断的校准训练，并通过实验手段，设定了上述实验因素的 40 个不同取值组合，即设定了 40 个虚拟战斗情境，让他们每人对上述每一个因素都给出估值，并且给出不同情境下、不同类型车辆燃油消耗量的 90%信度区间④。汇集所有回答之后，最终运行回归模型，评估每种类型车辆的燃油消耗值。对战斗模型的分析发现，影响战斗车辆耗油量最大因素并不是和敌人接触的概率，而是该战斗部队以前是否到过某区域。当坦克指挥官对所在的环境不熟悉时，就会让耗油量巨大的发动机不停地运转，以便随时旋转炮塔和躲避危险。无论危险大小都会如此，因为一旦发动机停止，就没法立刻启动了。当部队不熟悉环境时，他们会选择更远但更熟悉的道路行进，因此，消耗更多的燃油。与道路量化类似，事先应该知道一个作战部队是否去过某区域，而是否熟悉环境这一因素对燃油日消耗估计的误差可以减少大约 3000 加仑。相比之下，

---

① 在此即是第 6 章介绍的 2^k 实验设计与分析技术，求得主效应与交互效应。表 7.8 即为主效应。
② 1 加仑=3.785L。
③ 1 英里=1.6km。
④ 这也可以理解为信度分布函数的一种简化表达形式，即在某个量信度为[5%,95%]的上下区间取值上用均匀线性分布函数表示。

与敌人接触这一因素，只能减少 2400 加仑，在众多相关因素之中，它的影响排倒数第 4，比在护送路途上新增一个停靠站的影响大不了多少。

7.4.3　最终结果

　　哈伯德博士在上述 3 类模型，以及相关基础数据的支撑下，运用 Excel 工具评估整个体系的燃油消耗量。评估结果的误差比之前减少了 1/2。根据海军陆战队自己的燃油成本数据，每支陆战队远征部队每年至少可以节约 5000 万美元。这个研究基本上改变了海军陆战队之前计算燃油量的方法，甚至连海军陆战队物流部门中最有经验的计划员都说，他们对结果感到很惊讶。例如，主管燃油计划的五级准尉昆尼南说："让我惊讶的是大部分燃油居然消耗在了后勤补给线路上，这是物流人员 100 年可能也想不到的事情。"海军研究办公室燃油研究的负责人托雷斯说："我最惊讶的就是我们可以节约这么多燃油。这个研究让我们解放了车辆，因为不需要把这么多油移来移去，现在车辆可以用来运送军火了。"

　　本示例是探索性评估论证方法运用的典范。哈伯德博士清晰地分解勾划出复杂体系评估中的主要框架结构，恰到好处地运用了分解、实验、交互、迭代等问题处理模式，以及解算、测试、仿真、交互判断等工具手段，犹如庖丁解牛一般，游刃有余地解决了一个庞杂，初看上去无从下手的复杂难题。这也充分体现了探索性评估论证方法的巨大优势。

附录一 多维二分查找算法论文及相关定理的证明

Abstract

In computer science, a binary search is an algorithm for locating the position of an item in a sorted array. This paper presents a search-partition algorithm for the multidimensional vector space. It extends the traditional binary search algorithm from a one-dimension sorted array to multi-dimensional monotonic vector space which exists in various fields such as industry, military, or even our daily life. First, this paper presents the concept of monotonic vector space and illustrates the practical apllications. Then, some fundamental concepts and theorems which support the algorithm are presented. Third, a new algorithm is proposed to attain the numerical hyperboxes-based approximation of a region where the objective function is below of a certain threshold in monotonic vector space, which can be considered as a generalization of the classic binary search in multidimensional vector space. Finally, two applications are presented to show the practical use of our algorithm.

1 Introduction

In computer science, a binary search is an algorithm for locating the position of an item in a sorted array. [1][2] The idea is simple: compare the target to the middle item in the list. If the target is the same as the middle item, you've found the target. If it's before the middle item, repeat this procedure on the items before the middle. If it's after the middle item, repeat on the items after the middle. The method halves the number of items to check each time, so it finds it or determines it's not present in logarithmic time. A binary search is a dichotomic divide and conquer search algorithm. Binary search algorithm have been applied in a lot of fields. However, Many practical problem requires an effective locating way in multidimensional data sets. This paper presents a search-partition algorithm for the multidimensional vector space. It extends the traditional binary search algorithm from a one-dimension sorted array to a multi-dimensional monotonic vector space.

2　Monotonic vector space

Definition 1 (Monotonic vector space). *Suppose P is a set of vectors in* $\mathbb{R}^n$. *If there exists a map f:P→R, such that f(p)≥f(q) holds if p, q ∈ P and*

$$p_j \geq (\leqslant) q_j, \quad \forall_j \in \{1, \cdots, n\},$$

where $p_j(q_j)$ is the jth component of p(q), then the two-tuple(P, f) is called a monotonic vector space. Additionally, if there exists a stochastic variable X satisfying E(X)=0, and f_X is defined as

$$f_X(\boldsymbol{p}) = f(\boldsymbol{p}) + X, \quad \forall \boldsymbol{p} \in P,$$

then(P, f_X)is called a monotonic vector space of non-deterministic type.

The MVS (monotonic vector space) is widely used in the practical problems. In this paper, only deterministic type of MVS is considered. A lot of operations such as partitioning, screening, rotating can be applied to this model, among which the partitioning may be the most difficult but essential. It can be described by the following problem: *find a subset Q⊂P, such that*

$$f(\boldsymbol{p}) \begin{cases} \geqslant C, \text{if } \boldsymbol{p} \in Q, \\ < C, \text{if } \boldsymbol{p} \notin Q. \end{cases}$$

The result set Q is often called an effective area in practical problems.

3　The algorithm of partitioning

First, we state some assumptions which are imposed on the deterministic monotonic vector space(P, f). We suppose P is a box-like region:

$$P = [L_1, U_1] \times \cdots \times [L_n, U_n], \quad L_j < U_j, \forall j = 1, \cdots, n.$$

By translation, we can make the lower bound in each dimension zero, so that we only need to consider the case of $L_j = 0$, $j = 1$, $\cdots$, n. Here U_j is allowed to be $+\infty$. The concrete form of partitioning is exactly the one we have stated in the last section. Also by translation, we can take $C = 0$. Thus the problem can be depicted as follows:

Given a monotonic vector space (P, f), find a subset of P, denoted by Q, such that the value of f is non-negative on Q while negative on $P\backslash Q$.

For simplicity, we assume f is a monotonically decreasing function, i.e., "<"is chosen in the Definition 1. And the solution of the problem is called the monotonic vector requirement locus(MVRL).

3.1 Definitions and theorems

In a lot of practical problems, f may come from other algorithms or experimental data, so the analytical expression of f cannot be obtained, and the evaluation of f may be very time consuming. For this reason, it is not possible to obtain the MVRL by analyzing the analytic property of f or going through all discrete points in the region P. Instead, we use a "point partitioning" technique in our algorithm. Thus we need the following definitions:

Definition 2 (Partition point). *Suppose* $P' = [L_1', U_1'] \times \cdots \times [L_n', U_n']$ *is a hyperbox in* P *with*

$$f(\boldsymbol{p}_L) \geqslant 0, \quad \boldsymbol{p}_L = (L_1', \cdots, L_n'),$$
$$f(\boldsymbol{p}_U) < 0, \quad \boldsymbol{p}_U = (U_1', \cdots, U_n').$$

A point $\boldsymbol{p} \in P'$ *is called a partition point in* P' *if* $\boldsymbol{p}$ *is an interior point of* P' *which satisfies*
$$f(\boldsymbol{p}+\varepsilon) < 0 \quad and \quad f(\boldsymbol{p}-\varepsilon) \geqslant 0, \quad \varepsilon_j > 0, \quad \forall j = 1, \cdots, n.$$

Definition 3 (Minimal envelop hyperbox). *The hyperbox* $P' = [0, U_1'] \times \cdots \times [0, U_n']$ *is called a minimal envelop hyperbox (MEH) if for any* $j \in \{1, \cdots, n\}$, $f((U_j' + \varepsilon)e_j) < 0$ *and* $f ((U_j' - \varepsilon)e_j) \geqslant 0$ *hold for an arbitrary small positive value* ε. *Here* e_j *is the vector whose jth component is 1 while all other components are zeros.*

In the remaining part of this section, if not specified, P' is always taken as the hyperbox $[L_1', U_1'] \times \cdots \times [L_n', U_n']$.

Definition 4 (Maximal included hyperbox). *Suppose* $\boldsymbol{p}$ *is a partition point in* P' ($P' \subset P$). *The hyperbox*

$$[L_1', p_1] \times \cdots \times [L_n', p_n]$$

is called the maximal included hyperbox (MIH) in P' *with respect to* $\boldsymbol{p}$.

Definition 5 (Opposite hyperbox). *Suppose* $\boldsymbol{p}$ *is a partition point in* P' ($P' \subset P$). *The hyperbox*

$$(p_1, U_1'] \times \cdots \times (p_n, U_n']$$

is called the opposite hyperbox (OH) in P' *with respect to* $\boldsymbol{p}$.

Figure 1 gives a general view of the above definitions in the 2D case. Note that every interior point on the dashed curve is a partition point, and the black dot is an arbitrarily selected one.

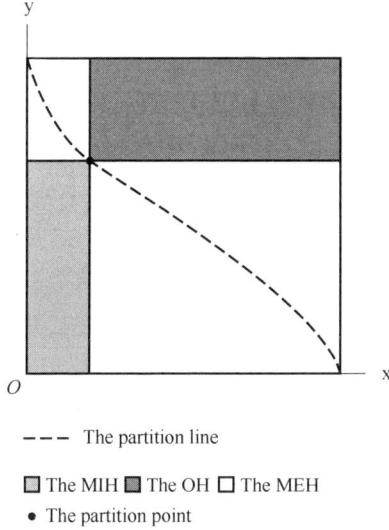

--- The partition line

☐ The MIH ■ The OH ☐ The MEH
• The partition point

Figure 1: A picture demonstrating the definitions of partition point, MIH, OH and MEH

Theorem 1. *The MVRL is contained in the MEH.*

Proof. We suppose there exists a point $p \in P$ satisfying
$$p \notin P' \quad \text{and} \quad f(p) \geqslant 0,$$
where P' is the MEH and $P' = [0, U_1'] \times \cdots \times [0, U_n']$. The condition $p \notin P'$ implies that there exists an index j such that $p_j > U_j'$. By the definition of the MEH, we have $f(p_j e_j) < 0$. Since $p \in P$, all components of p are non-negative. Thus the monotonicity of f gives
$$f(p) \leqslant f(p_j e_j) < 0.$$
This contradicts the assumption $f(p) \geqslant 0$.

Theorem 2. *Suppose p is a partition point in P'. Then the interior of the MIH is contained in the MVRL, while the OH has empty intersection with the MVRL.*

Proof. Suppose q is an interior point of the MIH. Then definition of MIH leads to
$$q_j < p_j, \qquad \forall j = 1, \cdots, n.$$
Employing the definition of the partition point, we have
$$f(q) \geqslant 0.$$
This means q is in the MVRL.

Now suppose r is a point in the OH. Then we have
$$r_j > p_j, \quad \forall j = 1, \cdots, n.$$
We conclude from the definition of the partition point that $f(r) < 0$, which implies that r is not in the MVRL.

Theorem 3. *The hyperbox P' contains at least one partition point if and only if there*

erists two points p, q belonging to the interior of P', such that p is in the MVRL while q is not.

Proof. If P' is a hyperbox containing at least one partition point r, since r is an interior point of P', we can select p, q such that

$$L'_j < p_j < r_j < q_j < U'_j, \quad \forall j = 1, \cdots, n.$$

By the definition of the partition point, we conclude

$$f(p) \geqslant 0, \quad \text{and} \quad f(q) < 0.$$

Now we prove the reverse part. If p is in the MVRL while q is not, in order to find the partition point, we define the following function:

$$g(t) = f(r(t)), \, t \in [0, 1],$$

where the jth component of $r(t)$ is

$$r_j(t) = (1-t)L'_j + tU'_j, \quad \forall j = 1, \cdots, n.$$

Obviously $g(t)$ is monotonically decreasing, and $f(p) \geqslant 0$ and $f(q) < 0$ show that

$$g(0) \geqslant 0, \quad g(1) < 0.$$

Now we construct two infinite subsequences $\{a_k\}$ and $\{b_k\}$ as follows:

(1) Let $a_0 = 0$, $b_0 = 1$, $k = 0$.

(2) If $g\left(\dfrac{a_k + b_k}{2}\right) \geqslant 0$, let

$$a_{k+1} = a_k, \quad b_{k+1} = \frac{a_k + b_k}{2}.$$

Otherwise, let

$$a_{k+1} = \frac{a_k + b_k}{2}, \quad b_{k+1} = b_k.$$

(3) Increase k by 1 and return to step 2.

Thus $\{a_k\}$ and $\{b_k\}$ have the following properties:

(1) $b_k - a_k = 2^{-k}$ for all $k \in$.

(2) $\{a_k\}$ is monotonically increasing while $\{b_k\}$ is monotonically decreasing.

(3) Both $\{a_k\}$ and $\{b_k\}$ are bounded by $[0,1]$.

(4) $g(a_k) \geqslant 0$ and $g(b_k) < 0$ for all $k \in$.

The second and third properties indicate that both $\{a_k\}$ and $\{b_k\}$ converge, and the first property shows that they converge to the same point t_0. Now we will prove that $r(t_0)$ is a partition point.

Suppose $\tilde{r}$ satisfies $\tilde{r}_j < r_j(t_0)$ for all $j = 1, \cdots, n$. Since $r(t)$ is continuous and $a_k \to t_0$ as $k \to \infty$, there exists an $K \in \mathbf{N}$, such that

$$\tilde{r}_j < r_j(a_K), \quad \forall j = 1, \cdots, n.$$

Thus $g(a_K) = f(\boldsymbol{r}(a_K)) \geq 0$ directly leads to $f(\tilde{\boldsymbol{r}}) \geq 0$. Similarly, if $\tilde{\boldsymbol{r}}$ satisfies $\tilde{r}_j > r_j(t_0)$, $\forall j = 1, \cdots, n$, we have $f(\tilde{\boldsymbol{r}}) < 0$.

Now it only remains to show $t_0 \neq 0$ and $t_0 \neq 1$, which ensures that $\boldsymbol{r}(t_0)$ is an interior point. If $t_0 = 0$, then

$$r_j(t_0) = L'_j < p_j, \quad \forall j = 1, \cdots, n.$$

The discussion in the last paragraph shows $f(\boldsymbol{p}) < 0$, which contradicts the condition that $\boldsymbol{p}$ is in the MVRL. Thus $t_0 \neq 0$. In the same way, we can prove $t_0 \neq 1$ using $f(\boldsymbol{q}) < 0$.

Theorem 4. *Suppose $\boldsymbol{p}$ is a partition point in P'. The MIH and OH are represented by P_1 and P_2 respectively. Then the point set $P' \backslash (P_1 \cup P_2)$ can be decomposed in to $2(n-1)$hyperboxes. Further more, if f is continuous and $\boldsymbol{p}$ satisfies*

$$f(\boldsymbol{p} \pm \boldsymbol{\varepsilon}) \quad 0, \quad \boldsymbol{\varepsilon} \neq 0, \quad \varepsilon_j \geq 0, \quad \forall j = 1, \cdots, n, \tag{1}$$

then each of the hyperboxes contains partition points.

Proof. First we write the expressions of the $2(n-1)$hyperboxes. They can be separated into the following two categories:

$$P_{k+1} = [L'_1, p_1] \times \cdots \times [L'_{k-1}, p_{k-1}] \times [p_k, U'_k] \times [L'_{k+1}, U'_{k+1}] \times \cdots \times [L'_n, U'_n], \ k = 2, \cdots, n,$$

$$P_{k+n} = [p_1, U'_1] \times \cdots \times [p_{k-1}, U'_{k-1}] \times [L'_k, p_k] \times [L'_{k+1}, U'_{k+1}] \times \cdots \times [L'_n, U'_n], \ k = 2, \cdots, n,$$

which amount to $2(n-1)$ hyperboxes. Now we will prove that these hyperboxes form a decomposition of $P' \backslash (P_1 \cup P_2)$.

Suppose $\boldsymbol{q}$ is an interior point of P_{k+1} for some $k \in \{2, \cdots, n\}$. It is obvious that $\boldsymbol{q} \in P' \backslash (P_1 \cup P_2)$. We need to show that $\boldsymbol{p}'$ does not belong to any other hyperbox. This can be proved for the following three cases respectively:

（1）If $2 \leq l < k$, then $\boldsymbol{q} \notin P_{l+1}$ holds since $L'_l < q_l < p_l$;

（2）If $k < l \leq n$, then $\boldsymbol{q} \notin P_{l+1}$ holds since $p_k < q_k < U'_k$;

（3）If $2 \leq l \leq n$, then $\boldsymbol{q} \notin P_{l+n}$ holds since $p_1 < q_1 < U'_1$.

Similarly, if $\boldsymbol{q}$ is an interior point of P_{k+n}, the same conclusion can be obtained. Thus we conclude that any two hyperboxes have no common interior points.

Now we take $\boldsymbol{q} \in P' \backslash (P_1 \cup P_2)$. In order to prove that $\boldsymbol{q}$ lies in at least one of the $2(n-1)$hyperboxes, we use contradiction and suppose $\boldsymbol{q}$ does not belong to any of the hyperboxes. Since $\boldsymbol{q} \in P'$, q_1 lies in $[L'_1, U'_1]$. Now we consider the following two cases:

（1）$q_1 \in [L'_1, p_1]$. Thus $\boldsymbol{q} \notin P_{2+1}$ indicates $q_2 \in [L'_2, p_2)$. Then $\boldsymbol{q} \notin P_{3+1}$ indicates $q_3 \in [L'_3, p_3)$. Subsequently, for any $j = 1, \cdots, n$, we have $q_j \in [L'_j, p_j]$. Thus $\boldsymbol{q} \in P_1$, which contradicts $\boldsymbol{q} \in P' \backslash (P_1 \cup P_2)$.

（2）$q_1 \in (p_1, U'_1]$. Thus $\boldsymbol{q} \notin P_{2+n}$ indicates $q_2 \in (p_2, U'_2]$. Then $\boldsymbol{q} \notin P_{3+n}$ indicates $q_3 \in (p_3, U'_3]$. Subsequently, for any $j = 1, \cdots, n$, we have $q_j \in (p_j, U'_j]$. Thus $\boldsymbol{q} \in P_2$, which also contradicts $q \in P \backslash (P_1 \cup P_2)$.

Thus we have proved that $\{P_3, \cdots, P_{2n}\}$ is a decomposition of $P \backslash (P_1 \cup P_2)$.

Finally we will show that each hyperbox contains partition points if Eq, (1)holds. Since p is an interior point of P', one has

$$L'_j < p_j < U'_j, \quad \forall j = 1, \cdots, n.$$

According to Eq. (1), we know that $\forall k = 2, \cdots, n$, the following inequalities bold:

$$f(\boldsymbol{p}_{k+1}) > 0, \quad \boldsymbol{p}_{k+1} = (L'_1, \cdots, L'_{k-1}, p_k, L'_{k+1}, \cdots, L'_n),$$
$$f(\boldsymbol{q}_{k+1}) < 0, \quad \boldsymbol{q}_{k+1} = (p_1, \cdots, p_{k-1}, U'_k, U'_{k+1}, \cdots, U'_n),$$
$$f(\boldsymbol{p}_{k+n}) > 0, \quad \boldsymbol{p}_{k+n} = (p_1, \cdots, p_{k-1}, L'_k, L'_{k+1}, \cdots, L'_n),$$
$$f(\boldsymbol{q}_{k+n}) < 0, \quad \boldsymbol{q}_{k+n} = (U'_1, \cdots, U'_{k-1}, p_k, U'_{k+1}, \cdots, U'_n).$$

The continuity of f shows that there exsits a vector $\boldsymbol{\delta}$ whose all components are positive, such that

$$f(\boldsymbol{p}_{k+1} + \boldsymbol{\delta}) > 0, \quad f(\boldsymbol{q}_{k+1} - \boldsymbol{\delta}) < 0, \quad f(\boldsymbol{p}_{k+n} + \boldsymbol{\delta}) > 0, \quad f(\boldsymbol{q}_{k+n} - \boldsymbol{\delta}) < 0.$$

We conclude by Theorem 3 that all the hyperboxes in $\{P_3, \cdots, P_{2n}\}$ contain partition points.

Note that the condition (1) is satisfied when f is strictly monotonic. This case appears frequently in the practical problems.

Remark 1. Theorem 4 manages to divide $P \backslash (P_1 \cup P_2)$ into hyperboxes. In fact, in our previous work, we used another type of decomposition which separates it into $2^n - 2$ boxes. They can be denoted by an n-digit binary code from $000 \cdots 001$ to $111 \cdots 110$, where the code $b_1 b_2 \cdots b_{n-1} b_n$ stands for the hyperbox $I_1(b_1) \times I_2(b_2) \times \cdots \times I_{n-1}(b_{n-1}) \times I_n(b_n)$, in which $I_j(b_j)$ is defined by

$$I_j(b_j) = \begin{cases} [L'_j, p_j], & \text{if} \quad b_j = 0, \\ [p_j, U'_j], & \text{if} \quad b_j = 1, \end{cases} \quad \forall j = 1, \cdots, n.$$

In this paper, we improve the number of hyperboxes to $2(n-1)$. If another digit"*" is introduced and we define $I_j(*) = [L'_j, U'_j]$, then the $2(n-1)$ hyperboxes can be represented by

$$00 \cdots 01 ** \cdots *, \quad \text{and} \quad 11 \cdots 10 ** \cdots *.$$

In fact, these $2(n-1)$ hyperboxes can be obtained by a series of combination operation starting from the original $2^n - 2$ hyperboxes. The 3D case is illustrated in Figure 2 and the 4D case is listed in the"binary code"form in Figure 3.

3.2　The algorithm

The partitioning algorithm can be divided into two parts: the calculation of the

MEH and the construction of the MVRL. They will be discussed respectively in the flloing two subsections.

3.2.1　The calculation of the MEH

Following Theorem 1 and the definition of the MEH, we know that the MEH is the minimalhyperbox which contains the MVRL. Therefore, before costructing the MVRL, we first find the MEH so that the searching range can be greatly reduced. The MEH can be obtained by dichotomy on each axis. The detailed steps are described in algorithm 1.

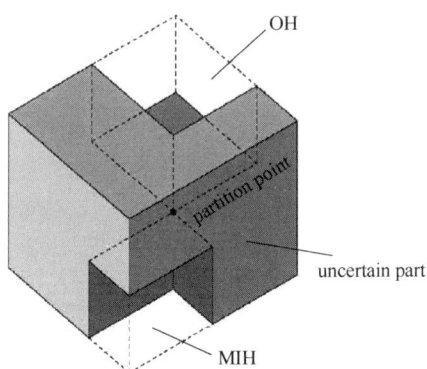

(a) The MIH P_1, the OH P_2 and the uncertain part $P'\backslash(P_1 \cup P_2)$

(b) Old-style decomposition

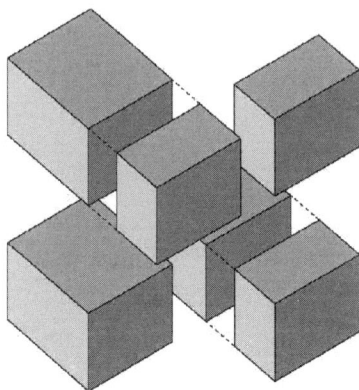

(c) Combination

(d) New-style decomposition

Figure 2: The relation between the old-style and new-style decomposition

2^n-2 boxes $2(n-1)$ boxes

```
0001 --------------------------------- 0001
0010 ⟩ 001
0011          ------------------- 001
0100 ⟩ 010
0101              ⟩ 01 ----------- 01
0110 ⟩ 011
0111
1000 ⟩ 100
1001              ⟩ 10 ----------- 10
1010 ⟩ 101
1011
1100 ⟩ 110   ------------------- 110
1101
1110 --------------------------------- 1110
```

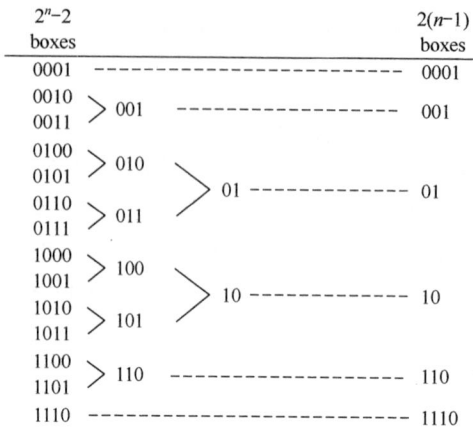

Figure 3: The process of combining the $2^4-2=14$ hyperboxes into $2\times(4-1)=6$ hyperboxes.

Algorithm 1: Get the MEH

Data: $P = [0, U_1]\times\cdots\times[0, U_n]$

Result: The MEH P'

for $j\leftarrow 1$ to n do

    // Get an initial interval $[0, U]$ with $f(Ue_j)<0$

    if $U_j<+\infty$ then

        $U\leftarrow U_j$;

    else

        $U\leftarrow 1$;

        while $f(Ue_j)\geqslant 0$ do

            $U\leftarrow 2U$;

        end

    end

    // Apply the dichotomy and find the zero point

    $U_{min}\leftarrow 0$, $U_{max}\leftarrow U$;

    repeat

        $U'_j \leftarrow(U_{min}+U_{max})/2$;

        if $f(U'_j e_j)\geqslant 0$ then

            $U_{min}\leftarrow U'_j$;

        else

            $U_{max}\leftarrow U'_j$;

        end

    until $U_{max}-U_{min}<\varepsilon$;

    // Construct the MEH

    $P'=[0, U'_1]\times\cdots\times[0, U'_n]$

end

3.2.2　The construction of the MVRL

The algorithm constructing the MVRL follows directly from Theorem 2 and Theorem 4. According to Theorem 2, if a partition point is found, we can obtain a hyperbox (MIH) which is definitely inside the MVRL, and another hyperbox (OH) which is not needed to be considered any more. According to Theorem 4, the remaining uncertain region can be divided into $2(n-1)$ hyperboxes. Thus recursion can be applied to get higher resolution. The way to find a partition point is described in the proof of Theorem 3, where we use the dichotomy to locate the only partition point on the diagonal line.

A function called Partition is described below, it calculates the part of a hyperbox which is contained in the MVRL. In order to get the MVRL in the original point set P, we only need to call Partition(P'), where P' is the MEH.

The result MVRL is the union of a series of hyperboxes. According to Theorem 4, any two of those hyperboxes have no common interior points. Such a representation provides lots of convenience to the future operations on the results, such as intersecting, projection, slicing, etc..

Function Partition

Input: A hyperbox $P' = [L_1', U_1'] \times \cdots \times [L_n', U_n']$

// The stopping criteria

if vol(P')< ε then
 | return;
end

// Find a partition point p by dichotomy

$p_{\min} = (L_1', \cdots, L_n')$, $p_{\max} = (U_1', \cdots, U_n')$;

repeat
 | $p \leftarrow (p_{\max}+p_{\min})/2$;
 | if $f(p) \geqslant 0$ then
  | $p_{\min} \leftarrow p$;
 | else
  | $p_{\max} \leftarrow p$;
 | end
until $\|p_{\max} - p_{\min}\| < \varepsilon$;

// There are two cases that p is not a partition point

if $p_{\min}$ is unchanged during dichotomy then
 | return;
end

---

if p_{max} *is unchanged during dichotomy* then

   Add P' to the MVRL;

   return;

end

Add the MIH $P_1 = [L'_1, p_1] \times \cdots \times [L'_n, p_n]$ to the MVRL;

// Recursion

for $k \leftarrow 2$ to n do

   $P_{k+1} \leftarrow [L'_1, p_1] \times \cdots \times [L'_{k-1}, p_{k-1}] \times [p_k, U'_k] \times [L'_{k+1}, U'_{k+1}] \times \cdots \times [L'_n, U'_n]$;

   Partition(P_{k+1});

   $P_{k+n} \leftarrow [p_1, U'_1] \times \cdots \times [p_{k-1}, U'_{k-1}] \times [L'_k, p_k] \times [L'_{k+1}, U'_{k+1}] \times \cdots \times [L'_n, U'_n]$;

   Partition(P_{k+n});

end

Figure 4 illustrates the algorithm in the 2D case, where the largest square on the top of the left figure is the MEH. It is clear that as the iteration goes further, the computed MVRL tends to the exact MVRL, as shown in the right figure.

4 Applications（Omitted）

5 Conclusions

In thls paper, the monotonie vector space is investigated and a polnt partitioning method is proposed. This method produces much less hyperboxee in one iteration, and they are proved to be a complete decomposition of the original box. Numerical examples are presented to show the application of this model. Our future work includes: (1)extend this method to the non-deterministic type of MVS; (2)couple the partition metbod with some other casfers such as neural network and support vector machine.

附录二　定理 2.1～2.4 与定理 6.1 的证明

定理 2.1，2.2，2.3 的证明可以参看文献 LIU B. Uncertainty Theory：A Branch of Mathematics for Modeling Human Uncertainty[M]. Springer-Verlag，Berlin，2014.

定理 2.4　多个信度分布函数用以上 6 种方法综合后得到的分布形式依然是连续单调的信度分布函数。

因为本书主要探讨的是某个未确知连续变量的主观估计，在集成多专家信度分布函数后的分布形式也必须是连续单调的，这是 6 种综合方式适用性的必要条件。因此对于以上 6 种方法，需要证明综合后得到的分布形式仍然是连续单调，以下是定理的证明，分为单调性和连续性两个部分来证明。

假设条件：第 j 个专家给出的信度分布函数用 $f_j(x_i)$ 表示，取 $x_i < x_{i+1}$，下面分情况证明。

首先证明单调性

（1）均值法。

$$f = (f_1 + f_2 + \cdots + f_n)/n \tag{A2.1}$$

因为 $f_j(x)$ 是单调递增函数，即 $f_j(x_i) \leqslant f_j(x_{i+1})(j=1,2,\cdots,n)$，所以

则 $f(x_i) = [f_1(x_i) + f_2(x_i) + \cdots + f_n(x_i)]/n \leqslant [f_1(x_{i+1}) + f_2(x_{i+1}) + \cdots + f_n(x_{i+1})]/n$，

f 是单调递增函数

同理，熵权法类似证明。

（2）中值法。

$$f = \left[f_{n/2} + f_{(n+1)/2} \right]/2 \tag{A2.2}$$

在比较 $f(x_i)$ 与 $f(x_{i+1})$ 的大小时，考虑 $f_j(x_i)$、$f_j(x_{i+1})$ 按照从大到小排列，因此，在 $x = x_i$ 与 $x = x_{i+1}$ 处的中位数可表示如下：

$$f(x_i) = \left[f_{n/2}(x_i) + f_{(n+1)/2}(x_i) \right]/2 \tag{A2.3}$$

$$f(x_{i+1}) = \left[f_{n/2}(x_{i+1}) + f_{(n+1)/2}(x_{i+1}) \right]/2 \tag{A2.4}$$

式中：n 表示与 $x = x_i$ 时排序不同的 $f_j(x_i)$ 序列，则可以讨论以下几种情况：

当 n 为偶数时，$f(x_i)$ 为两个函数 $f_j(x_i)$ 的加权求和，即

$$f(x_i) = \left[f_{n/2}(x_i) + f_{(n+1)/2}(x_i) \right]/2 \tag{A2.5}$$

假设其中一个函数不变，如 $f_j(x_i)$ 与 $f_k(x_i)$ 为 $x = x_i$ 时的两个取中位数的函数，则

$$f(x_i) = \left[f_j(x_i) + f_k(x_i) \right] / 2 \qquad (A2.6)$$

当 $x = x_{i+1}$ 时，$f_j(x_i)$ 与 $f_k(x_i)$ 变为 $f_j(x_{i+1})$ 与 $f_l(x_{i+1})$，即取中位数的两个函数为 $f_j(x_{i+1})$ 与 $f_l(x_{i+1})$，则

$$f(x_{i+1}) = \left[f_j(x_{i+1}) + f_l(x_{i+1}) \right] / 2 \qquad (A2.7)$$

① 若 $k > l$，即 $f_k(x_{i+1})$ 在 $f_1(x_{i+1})$、$f_2(x_{i+1}) \cdots f_n(x_{i+1})$ 以从大到小排列得到的序列中的位置比 $f_l(x_{i+1})$ 的位置靠前。

因为

$$f(x_i) = \left[f_j(x_i) + f_k(x_i) \right] / 2$$

所以

$$f_l(x_{i+1}) > f_h(x_{i+1}) \geqslant f_h(x_i) > f_k(x_i)$$
$$f_l(x_{i+1}) > f_k(x_i)$$

② 若 $k < l$，即 $f_k(x_{i+1})$ 的位置比 $f_l(x_{i+1})$ 的位置靠后，则

$$f_l(x_{i+1}) > f_k(x_{i+1}) \geqslant f_k(x_i), \quad \text{即 } f_l(x_{i+1}) > f_k(x_i)$$

综合①与②，有

$$f(x_{i+1}) = \left[f_j(x_{i+1}) + f_l(x_{i+1}) \right] / 2 > \left[f_j(x_i) + f_k(x_i) \right] / 2 = f(x_i)$$

假设两个函数都发生变化，即 $f_j(x_i)$ 与 $f_k(x_i)$ 变为 $f_{j^1}(x_{i+1})$ 与 $f_{k^1}(x_{i+1})$。

③ 若 $k^1 > k$，$j^1 > j$，同理②；若 $k^1 < k$，$j^1 < j$，同理①可得必存在两个函数 f_k 与 f_m 满足①中条件。

④ 若 $k^1 > k$，$j^1 < j$，同理。

综合③与④可有 $f(x_{i+1}) \geqslant f(x_i)$，综合①、②、③和④可得 f 是单调递增函数。

（3）最大值法。

$$f = \max \left\{ f_1(x), f_2(x), \cdots, f_n(x) \right\} \qquad (A2.8)$$

令 $f_j(x_i) = f(x_i)$，$f_k(x_{i+1}) = f(x_{i+1})$，则

$$f_k(x_{i+1}) > f_j(x_{i+1}) \geqslant f_j(x_i) = f(x_i)$$

即

$$f(x_{i+1}) > f(x_i)$$

所以 f 是单调递增函数。

（4）最小值法。

$$f = \min \left\{ f_1(x), f_2(x), \cdots, f_n(x) \right\} \qquad (A2.9)$$

根据最值法中证明同理可得 f 是单调递增函数。

（5）累积法。

$$f = f_1 f_2 \cdots f_n / \left[f_1 f_2 \cdots f_n + (1-f_1)(1-f_2) \cdots (1-f_n) \right] \tag{A2.10}$$

因为 $f_j(x)$ 是单调递增函数，且 $f_j(x) \geqslant 0$，当且仅当 $x=0$ 时等号成立，所以

$$f_1(x_i) \cdot f_2(x_i) \cdots f_n(x_i) \leqslant f_1(x_{i+1}) \cdot f_2(x_{i+1}) \cdots f_n(x_{i+1})$$
$$\left[1 - f_j(x_i) \right] \geqslant \left[1 - f_j(x_{i+1}) \right]$$

则

$$f(x_{i+1}) = f_1(x_{i+1}) \cdot f_2(x_{i+1}) \cdots f_n(x_{i+1}) /$$
$$\left[f_1(x_{i+1}) \cdot f_2(x_{i+1}) \cdots f_n(x_{i+1}) + (1-f_1(x_{i+1}))(1-f_2(x_{i+1})) \cdots (1-f_n(x_{i+1})) \right]$$
$$\geqslant f_1(x_i) \cdot f_2(x_i) \cdots f_n(x_i) /$$
$$\left[f_1(x_i) \cdot f_2(x_i) \cdots f_n(x_i) + (1-f_1(x_i))(1-f_2(x_i)) \cdots (1-f_n(x_i)) \right]$$
$$= f(x_i)$$

所以 f 是单调递增函数。

综上所述，信度分布函数中单调递增函数综合后得到的函数依然是单调递增函数。

其次证明连续性

很显然，最大值、最小值、平均数、累积法、熵权法的连续性是显然的，以下主要证明中值法的连续性。

（1）奇数情况。

当 $k=3$ 时，分别用 $F_{\max 3}(x)$、$F_{\min 3}(x)$ 表示 3 个函数中最大值和最小值

$$F_3(x) = f_1(x) + f_2(x) + f_3(x) - [F_{\min 3}(x) + F_{\max 3}(x)] \tag{A2.11}$$

则 $F_3(x)$ 连续。

当 $k=5$ 时，分别用 $F_{\max 3}^5(x)$、$F_{\min 3}^5(x)$ 表示 5 个函数除去最大值和最小值之后 3 个函数的最值，则

$$F_5(x) = \sum_{i=1}^{5} f_i(x) - \left[F_{\max 5}(x) + F_{\min 5}(x) \right] - \left[F_{\max 3}^5(x) + F_{\min 3}^5(x) \right] \tag{A2.12}$$

则 $F_5(x)$ 连续。

假设 $F_{2n-1}(x)$ 连续：当 $k=2n+1$ 时，有

$$F_{2n+1}(x) = \sum_{i=1}^{2n+1} f_i(x) - \left[F_{\max(2n+1)}(x) + F_{\min(2n+1)}(x) \right] -$$
$$\left[F_{\max(2n-1)}^{2n+1}(x) + F_{\min(2n-1)}^{2n+1}(x) \right] - \cdots - \left[F_{\max 3}^{2n+1}(x) + F_{\min 3}^{2n+1}(x) \right]$$

所以 $F_{2n+1}(x)$ 连续。

（2）偶数情况。同理可证：

$$F_{2n}(x) = \sum_{i=1}^{2n} f_i(x) - \left[F_{\max(2n)}(x) + F_{\min(2n)}(x) \right] -$$

$$\left[F_{\max(2n-2)}^{2n}(x) + F_{\min(2n-2)}^{2n}(x) \right] - \cdots - \left[F_{\max 4}^{2n}(x) + F_{\min 4}^{2n}(x) \right]$$

所以 $F_{2n}(x)$ 连续。

定理 6.1 若目标集为严格的单调减集，并记为 $\boldsymbol{\Omega}^-$ 则 $E(f_d(\boldsymbol{X}, \boldsymbol{\Omega}^-)) = \int_0^1 f_d(\xi_1^{-1}(\lambda), \xi_2^{-1}(\lambda), \cdots, \xi_n^{-1}(\lambda), \boldsymbol{\Omega}^-) d\lambda$，其中 $\xi_i(\boldsymbol{X}_i)$ 为方案第 i 个属性的正则信分布函数，$\xi_i^{-1}(\lambda)$ 为信度是 λ 的反函数。

证明：根据定理 2.1、定理 2.3，只要证明函数 $f_d(\boldsymbol{X}, \boldsymbol{\Omega}^-)$ 是一个严格单调递增的函数即可。由于距离函数 $D(\boldsymbol{X}_0, \boldsymbol{X})$ 有多种形式，在此只证明其为欧几里得距离函数的情形，即 $D(\boldsymbol{X}_0, \boldsymbol{X}) = \|\boldsymbol{X} - \boldsymbol{X}_0\|_2$，其他形式的函数证明同理。因此只需证明以下引理：

引理：$f_d(\boldsymbol{X}, \boldsymbol{\Omega}^-)$ 是一个单调递增函数，如果 $\boldsymbol{\Omega}^-$ 是一个严格单调递减的目标集，那么 $f_d(\boldsymbol{X}, \boldsymbol{\Omega}^-)$ 是一个严格单调递增的连续函数。

证：

假设 $\boldsymbol{X}(\in R^n) \notin \boldsymbol{\Omega}^-$（$\boldsymbol{X} \in \boldsymbol{\Omega}^-$ 的情形类似），那么存在一个向量 $\boldsymbol{\xi} \in \overline{\boldsymbol{\Omega}^-}$，使得

$$f_d(\boldsymbol{X}, \boldsymbol{\Omega}^-) = \min_{\boldsymbol{A} \in \boldsymbol{\Omega}^-} \|\boldsymbol{X} - \boldsymbol{A}\|_2 = \|\boldsymbol{X} - \boldsymbol{\xi}\|_2$$

那么，对于任意 $\varepsilon > 0$，存在一个 $\delta = \dfrac{\varepsilon}{n} > 0$。令 $\boldsymbol{Y} = \boldsymbol{X} + \delta \boldsymbol{e}_k, \boldsymbol{e}_k = (0, \cdots, 0, 1, 0, \cdots, 0)$ 是 R^n 中的第 k 个标准基向量，则 $\boldsymbol{Y} > \boldsymbol{X}$ 且 $\boldsymbol{Y} \notin \overline{\boldsymbol{\Omega}^-}$，那么就存在一个向量 $\boldsymbol{\eta} \in \overline{\boldsymbol{\Omega}^-}$，使得

$$f_d(\boldsymbol{Y}, \boldsymbol{\Omega}^-) = \min_{\boldsymbol{A} \in \boldsymbol{\Omega}^-} \|\boldsymbol{Y} - \boldsymbol{A}\|_2 = \|\boldsymbol{Y} - \boldsymbol{\eta}\|_2$$

因为

$$f_d(\boldsymbol{Y}, \boldsymbol{\Omega}^-) = \min_{\boldsymbol{A} \in \boldsymbol{\Omega}^-} \|\boldsymbol{Y} - \boldsymbol{A}\|_2$$
$$= \|\boldsymbol{Y} - \boldsymbol{\eta}\|_2$$
$$\leqslant \|\boldsymbol{Y} - \boldsymbol{\xi}\|_2$$
$$= \|\boldsymbol{Y} - \boldsymbol{X} + \boldsymbol{X} - \boldsymbol{\xi}\|_2$$
$$\leqslant \|\boldsymbol{Y} - \boldsymbol{X}\|_2 + \|\boldsymbol{X} - \boldsymbol{\xi}\|_2$$
$$\leqslant f_d(\boldsymbol{X}, \boldsymbol{\Omega}^-) + \delta$$

而且

$$f_{\mathrm{d}}(\boldsymbol{Y}, \boldsymbol{\Omega}^-) = \left\| \boldsymbol{Y} - \boldsymbol{\eta} \right\|_2$$
$$= \left\| \boldsymbol{Y} - \delta \boldsymbol{e}_k - (\boldsymbol{\eta} - \delta \boldsymbol{e}_k) \right\|_2$$
$$= \left\| \boldsymbol{X} - (\boldsymbol{\eta} - \delta \boldsymbol{e}_k) \right\|_2$$
$$\geqslant \left\| \boldsymbol{X} - \boldsymbol{\xi} \right\|_2 = f_{\mathrm{d}}(\boldsymbol{X}, \boldsymbol{\Omega}^-)$$

所以，$f_{\mathrm{d}}\big(\boldsymbol{X}, \boldsymbol{\Omega}^-\big)$ 是关于 $\boldsymbol{X}$ 的单调递增的连续函数。

由于 $f_{\mathrm{d}}\big(\boldsymbol{X}, \boldsymbol{\Omega}^-\big)$ 是连续的，那么存在一个 $t \in (0,1)$，使得

$$F\big(t\boldsymbol{X} + (1-t)(\boldsymbol{\eta} - \delta \boldsymbol{e}_k)\big) = 0$$

而

$$f_{\mathrm{d}}(\boldsymbol{Y}, \boldsymbol{\Omega}^-) = \left\| \boldsymbol{Y} - \boldsymbol{\eta} \right\|_2$$

$$= \left\| \boldsymbol{Y} - \delta \boldsymbol{e}_k - (\boldsymbol{\eta} - \delta \boldsymbol{e}_k) \right\|_2$$

$$= \left\| \boldsymbol{X} - (\boldsymbol{\eta} - \delta \boldsymbol{e}_k) \right\|_2$$

$$= \frac{1}{1-t} \left\| \boldsymbol{X} - (t\boldsymbol{X} + (1-t)(\boldsymbol{\eta} - \delta \boldsymbol{e}_k)) \right\|_2$$

$$\geqslant \frac{1}{1-t} \left\| \boldsymbol{X} - \boldsymbol{\xi} \right\|_2 = \frac{1}{1-t} f_{\mathrm{d}}(\boldsymbol{X}, \boldsymbol{\Omega}^-)$$

$$> f_{\mathrm{d}}(\boldsymbol{X}, \boldsymbol{\Omega}^-)$$

即 $f_{\mathrm{d}}(\boldsymbol{X}, \boldsymbol{\Omega}^-)$ 是关于 $\boldsymbol{X}$ 的严格单调递增函数。